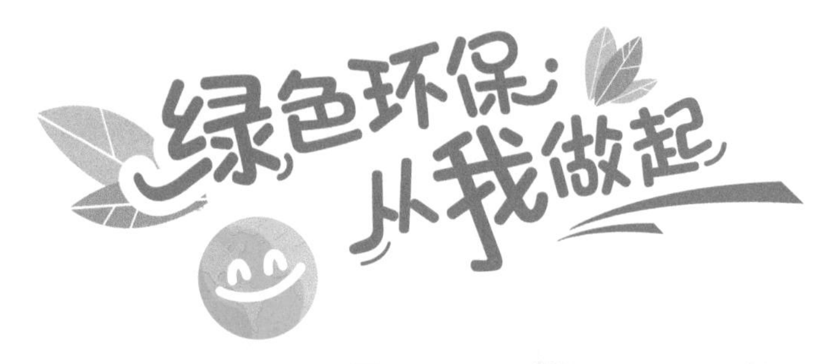

生态文明

（全彩版）

高英杰　王旅东　主编

全国百佳图书出版单位

·北京·

如果说农业文明是“黄色文明”，工业文明是“黑色文明”，那生态文明就是“绿色文明”，生态文明建设其实就是把可持续发展提升到绿色发展高度，为后人“乘凉”而“种树”，就是不给后人留下遗憾而是留下更多的生态资产，助力推动美丽中国建设。

《生态文明》(全彩版)既包含生动形象的漫画，又包含丰富有趣的环保科普理念和知识，紧紧围绕生态文明建设展开，主要向读者介绍了以下精彩内容：生态文明的提出、树立生态文明观念、生态文明的行为建设、生态文明的法制建设、生态产业的建设与发展等，帮助读者全方位、多角度地理解生态文明的内涵，提高环保意识。

本书旨在普及环境保护知识，倡导绿色环保理念，适合所有对环保和生态文明理念感兴趣的大众读者，尤其是青少年和儿童亲子阅读。

图书在版编目（CIP）数据

生态文明：全彩版/高英杰，王旅东主编. —北京：化学工业出版社，2020.1（2023.11重印）
（绿色环保从我做起）
ISBN 978-7-122-36013-7

Ⅰ.①生… Ⅱ.①高…②王… Ⅲ.①生态文明-青少年读物 Ⅳ.①X24-49

中国版本图书馆CIP数据核字（2020）第003201号

责任编辑：卢萌萌 刘兴春　　装帧设计：史利平
责任校对：王素芹

出版发行：化学工业出版社（北京市东城区青年湖南街13号 邮政编码100011）
印　　装：涿州市般润文化传播有限公司
710mm×1000mm 1/16 印张$8^1/_4$ 字数109千字 2023年11月北京第1版第6次印刷

购书咨询：010-64518888　　售后服务：010-64518899
网　　址：http://www.cip.com.cn
凡购买本书，如有缺损质量问题，本社销售中心负责调换。

定　价：45.00元

编写人员

主　　编： 高英杰　王旅东

参编人员：

白雅君　江　洪　吕佳芮　刘　洋
李玉鹏　吴耀辉　金　冶　赵冬梅
唐在林

前言

绿色环保意识主要是指通过绿色的方式开展环境保护，以自然与人类的整体关系为立足点，实现两者关系的稳定和谐，促进人与自然的共同发展。当前，在我国大力提倡绿色环境的背景下，人们的环保意识已经逐渐成型，但是社会的环境道德水平依然较低，而导致这种情况的主要原因在于，环保意识的形成主要依赖于政府，人们自身还没有建立相应的习惯和行为意识。同时，我国公众对环保的参与程度较低，而大多数环保行为都是在政府的提倡和引导下而开展的，并非公众自发开展。因此，如何帮助人们形成自发的环保意识，是当前我国亟需解决的重要问题，而生态文明理念的提出，很大程度上解了燃眉之急。

生态文明是人类在改造客观世界的同时改善和优化人与自然的关系，建设科学有序的生态运行机制，体现了人类尊重自然、利用自然、保护自然，与自然和谐相处的文明理念。建设生态文明，树立生态文明观念，是推动科学发展、促进社会和谐的必然要求。生态文明有助

于唤醒国民生态忧患意识，认清生态环境问题的复杂性、长期性和艰巨性，持之以恒地重视生态环境保护工作，尽最大可能地节约能源资源、保护生态环境。

本书带领读者近距离了解生态文明，从生态文明的提出到树立生态文明观念，然后再逐步了解与生态文明有关的行为建设、与生态文明有关的法制建设及生态产业的建设与发展，通过图文并茂、通俗易懂的讲解形式，帮助读者深入认识和了解生态文明，提升读者的环保意识。

这里，我诚挚地希望大家能够像保护眼睛一样保护生态环境，像对待生命一样对待生态环境，推动形成绿色生活方式和发展方式，才能协同推进人民富裕、国家强盛与美丽中国建设。只有扎实推进生态文明建设，深入认知环保理念、提高人民节约意识，才能让生态环境越来越好。

限于编者水平和学识，书中疏漏或不足之处在所难免，恳请广大读者提出宝贵意见，以便做进一步修改和完善。

编者

2020 年 1 月

第一章 生态文明的提出

第二章 树立生态文明观念

第三章 生态文明的行为建设

第四章
生态文明的法制建设

第五章
生态产业的建设与发展

第一章

生态文明的提出

1. 人类面临的新挑战——生态危机

生态危机主要指生态环境被严重破坏，使人类的生存与发展受到威胁的现象。主要表现为生态系统的平衡被打破，以及由此带来的一系列严重生态反常现象（或生态灾难）。

例如，气候变暖以及由此带来的暴风骤雨的增加、冰川融化、海平面上升等，物种灭绝加速带来的生态失衡和崩溃等。

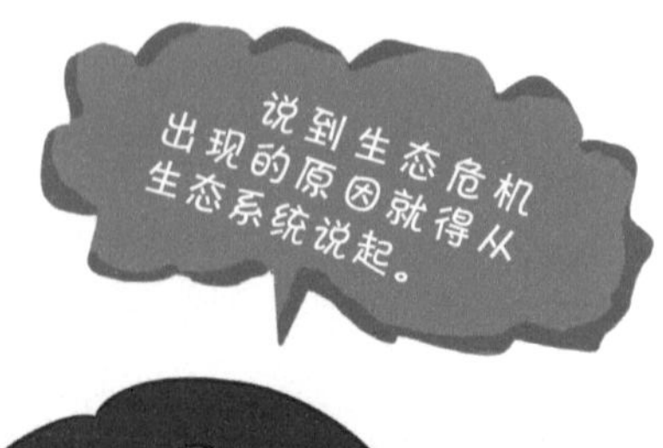

生态系统是指一定空间所有生物与环境之间不断进行物质循环、能量流动和信息反馈而形成的有机体。

生态系统虽然有一定的自我调节能力，但是这种调节能力是有限度的。当不断受到外界干扰，使得生态系统的变化超出其自我调节能力限度时，其就丧失了自我调节能力。这时，生态系统结构遭到破坏，引发生态失衡，当生态失衡严重到威胁人类的生存时就爆发了生态危机。一旦出现生态危机，生态系统就很难在短时间内恢复。

因此，人类应该正确处理人与自然的关系，在发展生产、提高生活水平的同时，注意保持生态系统结构和功能的稳定与平衡，实现人类社会的可持续发展。

目前，我国生态危机主要表现在生态系统全面退化、水土流失加剧、濒危物种增加、天然湿地大量消失、人工林树种单一等方面。

生态危机每年都给我国带来巨大经济损失。为此，我国先后制定了《中华人民共和国环境保护法》《中华人民共和国大气污染防治法》《中华人民共和国水污染防治法》等与生态环境有关的法律，确定环境影响评价、污染物总量控制等环境管理制度，初步形成了生态保护及管理的法制体系。

同时，我国为应对生态危机，也在不断采取以下几项措施。

（1）加强恢复生态系统工程。例如，停止砍伐森林、退耕还林、恢复湿地、禁捕禁猎、生活污水处理等。

（2）加强生态环境保护的宣传教育，不断提高全民的生态环境保护意识。

（3）加强生态环境监测。目前我国单纯的水环境、大气环境和工业污染监测等已趋于成熟，为环境保护做出了巨大的贡献。

2. 揭秘生态文明的兴起

首先，生态文明的兴起与我国的能源资源和能源结构是分不开的。

目前，我国已经进入重工业阶段。纵观世界工业化国家的历史发展，在各国进入到重工业阶段后，从能源消费结构看，都出现了以煤为主向以石油和天然气为主转变的现象。

但是，我国是石油资源稀缺国家，而煤炭资源十分丰富，在未来发展中我国必将更多地依靠煤炭来支持，因此，煤炭在能源消费比重中的持续上升和石油消费比重的下降将会是一个长期的趋势。

这就表示，我国在重工业阶段后的能源结构是以煤为主，必将面临日益艰巨的环境污染挑战。

在这种情况下，我国势必会制定相关的法规制度并采取相应的措施来预防环境的进一步恶化，生态文明顺势兴起。

其次，生态文明的兴起是现代化发展的时代产物。

现代化进程中经历了人类生产方式的变革，即从传统农业到现代工业的转变及从传统工业到信息化生产方式的变革，随着生产方式的变革，引发了两次文明转型，即工业文明和信息文明。

工业生产带来了极为严重的环境与资源问题，如工业中的废气、废水造成环境污染，信息化生产也造成了诸如电磁辐射、电子计算机工业废品等污染。

我国现代化走的是可持续发展道路，必然会产生与之相适应的生产方式，那就是实现生产和产业结构的生态化。

目前，我国生态产业正逐步崛起，生态养殖业、生态农业在全国部分省市已经开展，通过生态基地的示范，生态产业正逐步走进人们的视野，生态科技创新方兴未艾，国家在此方面的投入也在逐年增加。

生态产业的崛起为绿色现代化的实现提供了物质基础，同时也证明了生态文明建设的可行性，是生态文明建设的时代动向。

3. 生态学与生态文明的关系

生态学是研究生物与环境之间相互关系及其作用机理的自然科学，它研究包括人在内的生物与自然环境的关系。生态文明主要针对人类社会而言，是人类社会发展所追求的更高级的人与自然和谐的文明形态。生态文明的发展与建设离不开生态学及相关学科的支撑，科学的发展能够带来对生态系统更透彻的理解，提供更有效的维护和保育措施。

从生态学观点来看，党的十八大所强调的“尊重自然、顺应自然、保护自然”的生态文明理念，可进一步理解为：尊重自然就是尊重生态学规律，顺应自然就是适应环境的变化，保护自然就是保护自然界的部分或整体。事实上，人类社会的进步正是认识、利用、改造和保护自然的结果，因此，建设生态文明是人类社会永续发展的必然途径。

20世纪四大著名的“生态学学派”分别是英美学派、法瑞学派、北欧学派以及苏联学派。英美学派的代表人物有英国坦斯列和美国克莱门茨，主要研究

植物群落的演替；法瑞学派的主要代表人物是法国布朗 · 布兰柯和瑞士卢贝尔，主要以特征种和区别种对植物群落进行分类，并建立了一套植被等级的分类系统；北欧学派主要代表人物是德日兹，研究重点是对群落进行分析，并研究森林群落与土壤 pH 值之间的关系。苏联学派主要代表人物是苏卡切夫，主要以欧亚大陆寒温带森林、土壤为研究对象，着重于草原利用、沼泽开发、北极的资源评价等。

20 世纪，我国也涌现了一批在植物、动物以及海洋等不同领域做出卓越贡献的生态学家。例如，马世骏在昆虫种群生态学、生态地理学及害虫综合防治领域的研究，孙儒泳在动物生理生态学和种群生态学方面的研究，庞雄飞对害虫生态控制理论和方法的研究，以及郑作新、郑光美在鸟类生态学，朱树屏在海洋生态学，刘健康在鱼类、淡水生态学，阳含熙、徐化成在森林生态学，李继侗、侯学煜在植被生态学等的研究对我国生态学的奠定和发展做出了突出贡献。

4. 深入理解生态文明的内涵

“生态”这个词源自古希腊语，表示家或者我们的环境。简单来说，就是指一切生物的生存状态，以及它们之间和它们与环境之间环环相扣的关系。

生态的产生最早应该是从研究生物个体开始的，随着涉及的范畴越来越广，人们也常用它来定义许多美好的事物，如健康的、和谐的等。

文明是人类文化发展的成果，是人类改造世界和精神成果的总和，是人类社会进步的标志。

文明具有阶段性，它经历了原始文明、农业文明、工业文明三个发展阶段。

第一阶段：原始文明

人类从动物界分化出来以后，经历了几百万年的原始社会，这一阶段的人类文明一般称之为原始文明或渔猎文明。

尽管原始人的物质生产能力非常低下，但是为了维持自身生存，已经开始了推动自然界人化的过程。在这一漫长过程中，人化自然的代表性成就是人工取火及骨器、石器、弓箭等。

第二阶段：农业文明

人类文明的第一个重大转折大约发生在距今一万年前，由原始文明向农业文明迈进。它使自然界的人化过程进一步发展，代表性的成就是青铜器、铁器、陶器、文字、造纸、印刷术等，主要物质生产活动是农耕和畜牧。

第三阶段：工业文明

资本主义生产方式产生后，人类文明出现第二个重大转折，从农业文明转向工业文明。

工业文明是人类运用科学技术的武器来控制和改造自然并取得空前胜利的时代。从蒸汽机到化工产品，从电动机到核反应堆，每一次科学技术革命都是人化自然的重大飞跃。

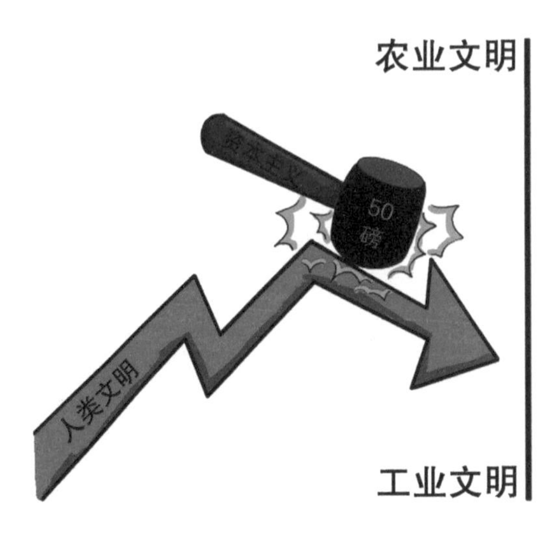

生态文明作为传统工业文明的超越和反思而出现。但是，它并不是取代工业文明的具体的文明形态，而是作为一项持久的事业而存在。

总的来说，生态文明可理解为：人类积极改善、优化人与自然的关系，建设相互依存、相互促进、共处共融生态社会而取得的物质成果、精神成果和制度成果的总和，是以人与自然、人与人、人与社会和谐共生、良性循环、全面发展、持续繁荣为基本宗旨的文化伦理状态。

5. 说一说，生态文明的主要内容

生态文明作为一种独立的文明形态，是具有丰富内涵的理论体系。按照历史唯物主义的观点，生态文明建设包括以下几方面的内容。

（1）生态意识文明

生态意识文明是人们正确对待生态问题的一种进步的观念形态，包括进步的生态意识、生态心理、生态道德以及体现人与自然平等、和谐的价值取向，构成了生态文明的核心内容。

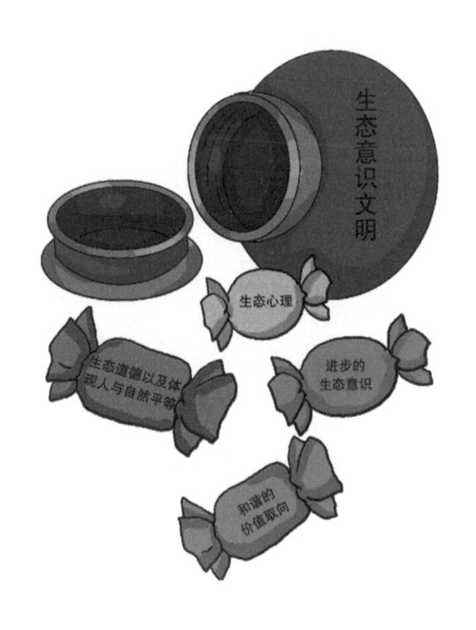

（2）生态行为文明

生态行为文明是在一定的生态文明观和生态意识的指导下，人们在实践中推动生态文明进步发展的活动，包括绿化美化、清洁生产、适度消费以及有利于人与自然和谐发展的各类社会活动。

（3）生态制度文明

生态制度文明是人们正确对待生态问题的一种进步的制度形态，包括生态制度、法律和规范。

生态制度文明是生态环境保护和建设水平、生态环境保护制度规范建设的成果，它体现了人与自然和谐相处、共同发展的关系，反映了生态环境保护的水平，也是生态环境保护事业健康发展的根本保障。

（4）生态产业文明

生态产业文明作为生态文明建设的物质基础，是指生态产业的建设，包括生态工业、生态农业、生态旅游业及环保产业。

发展生态产业，改革生产方式，对现行的生产方式进行生态化改造是促进生态文明建设的重要手段。

6. 生态文明与“三大文明”有关系吗

先来说说“三大文明”对生态文明有哪些作用。

首先，物质文明是生态文明的前提和基础；其次，精神文明为生态文明的发展提供精神动力；再者，政治文明是生态文明的支撑和保障。

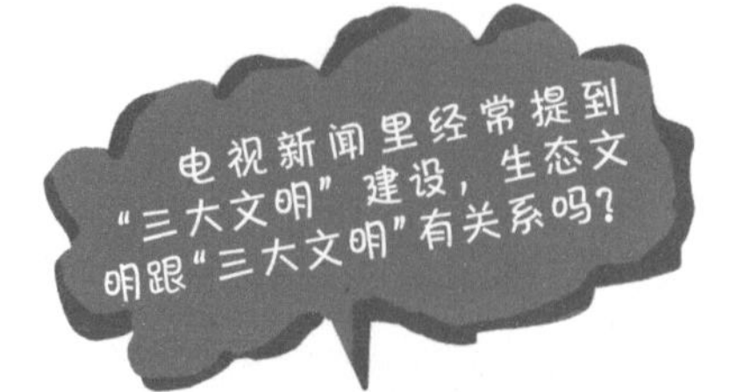

再来说说生态文明对“三大文明”的影响！

生态文明是物质文明可持续发展的保证。生态文明的状况如何，不仅影响生产力诸要素的性质和水平，而且还影响其内在结构和结合方式，从而影响整个生产力系统的结构和形态。离开了生态文明的健康发展，物质文明的发展就没有了牢固的根基。

生态文明是精神文明再次升华的体现。生态文明背景下的人类价值观的变革、伦理道德观的完善、科学生活方式的形成，极大地扩大了精神文明的内涵，丰富并整合了精神文明的内容，体现了精神文明的时代要求。

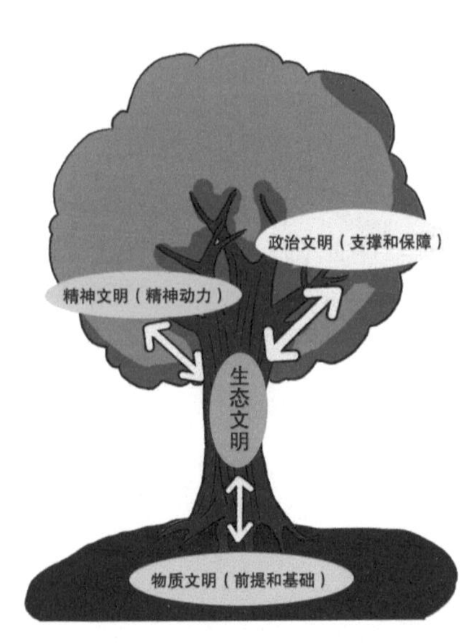

生态文明是政治文明不断进步的杠杆。首先，生态文明建设已经成为政府的自觉行为，推动了政治行为的文明；其次，生态法规的日

益完善加快了政治制度文明建设的进程；再者，生态环境问题的日益突出，促进了公众的政治参与，有利于政治生态化发展。

生态文明与物质文明、精神文明、政治文明是有机的统一体，它们相互依存、互为条件、相互制约而又相辅相成。在当代文明体系中，生态文明是人类文明的重要基础。

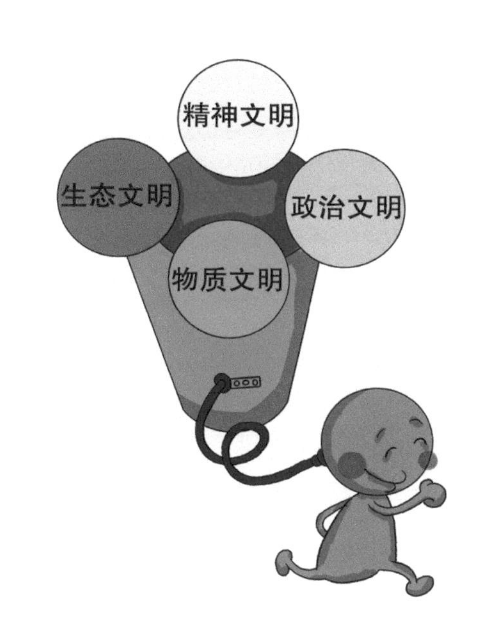

7. 生态文明与环境保护有什么关系

环境保护是针对人类发展引起的生态环境问题而采取的保护措施，而生态文明是要建构一种新的人与自然的关系，强调人与自然内在和谐地进化和发展，因此，生态文明相对于直接的环境保护是一个更高层次的范畴。

一方面，随着人口增长和社会发展，特别是现代大工业的兴起，大批森林被砍伐，湿地、草原被开垦侵占，大量各类污染物的排放等造成了严重的环境问题，直接危害到人类本身的生存发展，因此，必须对环境问题进行治理，对自然环境采取保护措施。但这实质上是一种应急措施，无法彻底解决导致环境问题的深层原因。

另一方面，如果将环境保护理解为人类社会处理与自然关系时一种基本的原则和理念，即人类的发展要建立在保护自然、维护生态系统健康运转的基础上，这个意义上的环境保护就与生态文明建设是内在统一的关系，而并非是因为盲目的发展产生了环境问题，再去进行环境保护。总体而言，环境保护是生态文明的应有之义和首要观点，强调生态文明就意味着在任何时候、任何条件下都要注意保护环境，维护地球生态系统的安全。

8. 引发人类首次关注环境问题的著作是什么

蕾切尔·卡森早先是美国一位研究鱼类和野生资源的海洋生物学家，1958 年 1 月，她接到了一位朋友的来信，信中诉说州政府为消灭蚊子而喷洒农药 DDT，造成了其私人保护区的大量禽鸟死亡。这件事使卡森十分震惊，在随后的时间里，她认真研究了 DDT 使用后造成的生态污染。DDT 的使用虽然杀死了害虫，但同时也严重损害了整个食物链，造成了大量鸟类和其他生物的死亡。

春天本是一个鸟语花香的季节，然而这种高毒性的有机氯农药的使用，竟使春天变得一片寂静。在这种寂静的背后，有机农药随着生物链转移，其危害扩展到人类生活，甚至母亲的奶水！在《寂静的春天》一书中，卡森以大量的科学数据为支撑，结合优美的散文笔调，将这一过程前所未有地呈现在公众面前。

《寂静的春天》出版后，在当时引起了巨大的争议，但同时也深深震撼了社会公众的心灵，随着人们对事实真相的不断了解，这本书的影响冲出美国，迅速扩展到整个世界。《寂静的春天》犹如一道闪电，彻底惊醒了尚未认识到环境问题的人们，为人类环境意识的启蒙点亮了一盏明灯，是人类环境保护事业的伟大里程碑。

第二章

树立生态文明观念

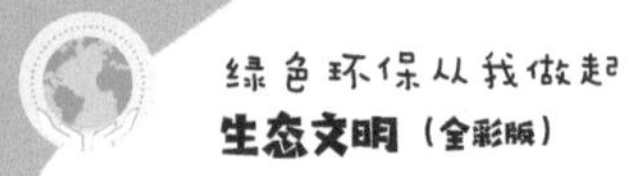

1. 公民生态环境意识调查问卷

公民生态环境意识调查问卷

性别：　　　　年龄：　　　　文化程度：　　　　居住地：

1. 如果有环保活动您愿意参加吗？

A. 非常愿意　　　　B. 愿意，但要视情况而定

C. 不好玩就不参加　D. 从不参加

2. 假如在公共场合，您要把用过的废纸、饮料瓶、一次性饭盒之类的东西扔掉，但却一时找不到垃圾箱，您通常会怎么做？

A. 随手扔掉　　B. 趁没人注意时扔掉

C. 放在一个不显眼的地方　　D. 暂时拿着，找到垃圾箱再扔

E. 其他

3. 您发现我们周围存在哪些环境问题？

A. 浪费水、电、纸等现象很严重　　B. 随手扔垃圾现象严重

C. 破坏花草树木严重　　D. 一次性筷子和塑料袋使用过度

E. 滥砍滥伐　　F. 杀害贩卖稀有野生动物　　G. 其他

4. 您在购物时会注意商品上的环保标志吗？

A. 经常会　　B. 有时会　　C. 不会，没有必要

5. 以下哪一类对您的生活质量影响最大？

A. 废弃物　B. 空气质量　C. 水质量　D. 噪声　E. 食品质量

6. 在同等条件下，您选择居住地时最看重什么？

A. 周边环境的绿化　　B. 周边设施的健全程度

C. 周边交通的便利程度　　D. 其他

7. 街市、超市购物时，您的习惯是？

A. 自备购物袋　　B. 索要塑料袋　　C. 视情况而定

8. 您是否担心食品包装及其他白色污染对身体造成危害?

A. 担心　　B. 不担心　　C. 担心，但是没有办法解决

D. 无所谓

9. 在某些地区，已经推行垃圾分类回收，并取得不错的成效，如果在你的小区也实行类似方法，你认为?

A. 可行，并乐意去做　　B. 可行，最好找清洁工去做

C. 不可行，太麻烦了　　D. 不可行，其他原因

……

19. 您对已阅传单的处置方法?

A. 随意扔掉　　B. 收集起来并回收　　C. 当草稿使用

20. 您对环境生态的保护有什么意见或者建议?

2. 生态哲学对人类思维方式转变的影响

生态哲学就是用生态系统的观点和方法研究人类社会与自然环境之间相互关系及其普遍规律的科学。

它是生态学世界观，以人与自然的关系为哲学基本问题，追求人与自然和谐发展的人类目标，因而为可持续发展提供理论支持，是可持续发展的一种哲学基础。

可持续发展明确提出并引起人们普遍重视的一个综合性、全球性的问题，它看似是只针对经济社会发展中越来越严重的生态被破坏、环境被污染以及能源减少、资源匮乏等危机而提出来的对策，实际上已涉及人类文化、人文价值等深层次问题。

显然，这些危机的出现是人类所面临的最严峻的挑战，已经直接威胁到人类的生存与发展，从哲学上讲则是人与自然的关系问题。

因此，运用哲学思维必然会引发人们思考生态问题方式的转变。

3. 人类中心主义与生态中心主义

人类中心主义将人置于人类与自然关系的中心地位，认为人类自身是人一切活动的出发点和落脚点，人类是包括自然在内的其他事物价值的唯一评价尺度；自然及其他事物只有对人类才有存在的价值和意义，只是供人类自身发展的利用对象和工具。

人类中心主义在西方有着悠久的历史传统。古代人类中心主义以普罗泰戈拉的名言“人是万物的尺度”为代表；在古罗马，人们认为地球是宇宙的中心，进而认为人类也处于宇宙和万物的中心。

近代工业革命以来，人类中心主义的基本思想被发挥到了极致，从笛卡尔提出“我思故我在”的著名命题，到康德提出“人为自然立法”，都突出强调了人的主体性及人在与自然和世界关系中的中心地位。

生态中心主义以现代生态学为理论基础，强调在人与自然的关系中，生态系统整体居于中心地位，主张生态系统的内在价值，并将伦理道德关系拓展到生态系统的范围。它是生态伦理学或环境伦理学的一种理论形式。

生态中心主义突破了人类中心主义，不仅将人的价值伦理关系拓展到自然界，而且将整个生态系统作为一种价值与伦理的对象。它是一种强调生态整体性的环境伦理学。

在当代西方，不同的学者从不同的角度论述了生态中心主义的基本理念，包括大地伦理学理论、主张自然具有内在价值的环境伦理学以及“盖娅假说”等。

4. 说一说，生态意识的特点

生态意识作为一种反映人与自然环境和谐发展的新的价值观，是现代社会人类文明的重要标志。目前，日益恶化的生态环境迫切需要人们生态意识的提高。

第一，它反映人与自然关系的整体性、综合性，把自然、社会和人作为复合生态系统，强调其整体运动规律和对人的综合价值效应。

第二，突破过去那种分别研究单个自然现象或单个社会现象的理论框架与方法论的局限。

第三，要求把人对自然的改造限制在地球生态条件所容许的范围内，反对片面强调人对自然的统治，反对无止境地追求物质享乐的盲目倾向。

5. 我国传统文化中的生态意识与生态哲学

中华文化一方面有其自身的特殊性，这种特殊性表现在哲学、宗教、政治、道德、文学、艺术、生活方式、审美情趣等多个层面；另一方面又有体现全人类普遍价值的内容，也表现在哲学、宗教、政治、道德、文学、艺术、生活方式、审美情趣等多个层面。

目前，世界上普遍关注生态环境的保护问题。面对日益严重的生态危机，国际上出现了生态伦理学和生态哲学。

生态伦理学和生态哲学的核心思想，就是要超越“人类中心主义”这一西方传统观念，树立“生态整体主义”的新的观念。

“生态整体主义”主张地球生物圈中所有生物是一个有机整体，它们和人类一样，都拥有生存和繁荣的平等权利。这种生态伦理学和生态哲学已经成为当今全人类带有普遍性的价值观念。

纵观我国传统文化，就会发现我国传统文化包含有一种强烈的生态意识，这种生态意识和当今世界的生态伦理学和生态哲学的观念是相通的。

我国传统哲学讲究“生”，如《易经》中“天地之大德曰生”“生生之谓易”的说法。中国古代哲学家认为，天地以“生”为道，“生”是宇宙的根本规律。因此，“生”就是“仁”，“生”就是“善”。

我国古代思想家认为，大自然是一个生命世界，天地万物都包含有活泼的生命和生意，这种生命和生意是最值得观赏的。人们在这种观赏中，体验到人与万物一体的境界，从而得到极大的精神愉悦。

6. 我国“农耕文化”中体现了哪些生态保护智慧

我国传统社会作为一种典型的古代农业文明，与自然生态有着深刻的内在联系，在人类生存发展的同时，保护生态环境成为人们生产生活的重要方面。在与大自然相互作用的长久过程中，我国古代人民形成了一系列农耕文明的生态保护智慧，对今天仍然有着深刻的启示意义。

农耕文化最重要的方面，是要在保护自然生态系统平衡的同时开展农业活动，否则这种基本依赖自然条件的生产方式就将丧失其存在的基础。

首先，我国古代人民强调人类活动需要一定的克制，以使自然生态得到自我恢复。《孟子》：“数罟不入洿池，鱼鳖不可胜食也；斧

斤以时入山林，材木不可胜用也。”《吕氏春秋》也有着同样的思想：“竭泽而渔，岂不获得？而明年无鱼；焚薮而田，岂不获得？而明年无兽。”

其次，农业活动必须依自然天时而开展，这是农业生产的基本前提。二十四节气，突出反映了我国古代先民对自然运行过程与农业生产关系的深刻认识；春耕、夏忙、秋收、冬藏是符合大自然节律的生产生活节奏。

最后，中国古代文明强调敬畏自然，有着一套“天人合一”的世界观和价值观。中国哲学认为人道生于天道，人根本上是由天地而生，所以人要敬畏天道、敬畏自然，不能盲目自大、无所忌惮。这种深厚的自然人文价值观内在地保证了传统农耕文化对自然生态的尊重和保护。

7. 生态文明的经典理念——“两山”理论

“两山”理论是指正确认识和处理生态环境保护与经济发展关系的一系列重要理论观点，是指既要绿水青山，也要金山银山。目前，“两山”理论已成为推动我国生态文明建设乃至整个经济社会可持续发展的重要指导思想。

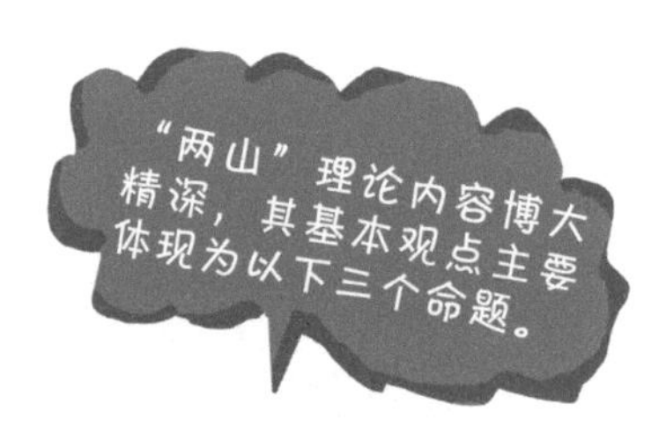

第一个命题，是“既要绿水青山，也要金山银山”，说的是在大力推进生态文明建设乃至整个经济社会发展进程中，既要保护好生态环境、保育好生态资源，又要发展好经济、创造好物质财富，让人民过上富裕的生活。简而言之，就是既要生态美，又要百姓富。

第二个命题，是“宁要绿水青山，不要金山银山”，说的是在特定情况下，当经济社会发展与生态环境保护不可兼得时，一定要保持清醒理性的头脑，要懂得：绿水青山是我们生存发展的根本，留得青山在，才能有柴烧；绿水青山可带来金山银山，但金山银山却买不到绿水青山；决不以绿水青山去换金山银山，决不以牺牲环境为代价去换取一时的经济增长。

第三个命题，是“绿水青山就是金山银山”，说的是以下两层意思：一是“绿水青山本身就是金山银山”，即绿水青山作为良好的自然生态系统，它本身对人类就有着良好的服务功能；二是“绿水青山在一定条件下可以转化为金山银山”，即在一定条件下，良好自然生态系统的生态优势可以转化为经济优势。

对于“两山”理论，我们一定要完整地、准确地把握其科学含义，尤其是要正确认识“两山”理论的三个命题并不是孤立存在的，而是围绕生态文明和美丽中国建设渐次展开的逻辑严密、环环相扣的统一整体。

8. 说一说，什么是生态文化

实际上主要是人的价值观念根本的转变，这种转变解决了人类中心主义价值取向过渡到人与自然和谐发展的价值取向。

生态文化是指不同人类种族、民族、族群为了适应和利用地球上多样性的生态环境之生存模式的总和。人类适应和维护不同的生态环境而在生存和发展中所积累下来的一切，都属于生态文化的范畴。

生态文明的建设离不开生态文化，因为它关系到每一个社会成员的生活方式、生存态度，人们必须具备基本的生态文化素质才能积极地推动生态文明建设的发展。

生态文化素质缺失是生态文明建设的最大阻碍。例如，某些生产企业在环境法规严格约束的情况下，为了生产不得不安装环保设备，但是又在夜间偷偷排放废水和废气，根本不顾及对周围环境的污染和对人与生物的毒害。

又如某些民众，为了生活方便，很难舍弃一次性物品的使用，停止使用塑料袋、自带菜篮子去市场等变成了一个空头口号。

由此可见，社会中有不少人是缺乏生态文化素质的，如果不能改变这些状况，设法使每一个社会成员形成深厚的生态文化教养，就很难将生态文明建设进行到底。

9. 如何提高全民生态文化素质

首先，提高全民生态文化素质，应该以建设生态文明所需要的生态文化为努力方向。

将生态文明建设的目标与我国的国情相结合，尤其是以与我国生态文化传统相结合为基础，同时吸收当代自然科学和人文社会科学知识来发展当代的生态文化。

其次，应该将提高全民生态文化素质贯彻到整个生态文化教育的过程中。这种教育的目的是培养具有深厚生态文化素质的人，这就需要确立生态文化素质的价值理想作为这种教育的根本宗旨。

在生态文化教育过程中，应该以培育具有建设生态文明能力、具有生态文化教养的人的教育理念，来建立和不断完善独具特色的生态文化教育体系，以此来开展长期的、全面的生态文化教育，以保障全民的生态文化素质达到生态文明建设的需要。

再次，提高全民生态文化素质需要终身的和持续的教育。

因为地球生态环境的恢复需要人类长期的共同努力，所以不能把这种教育当成一个短期的任务，必须树立清醒的认识。

10. 说一说，什么是生态平衡

生态平衡是指在一定时间内生态系统中的生物和环境之间、生物各个种群之间，通过能量流动、物质循环和信息传递，使它们之间相互达到高度适应、协调和统一的状态。

由于生态系统处于不断变化中，生态平衡不可能处于静止状态。

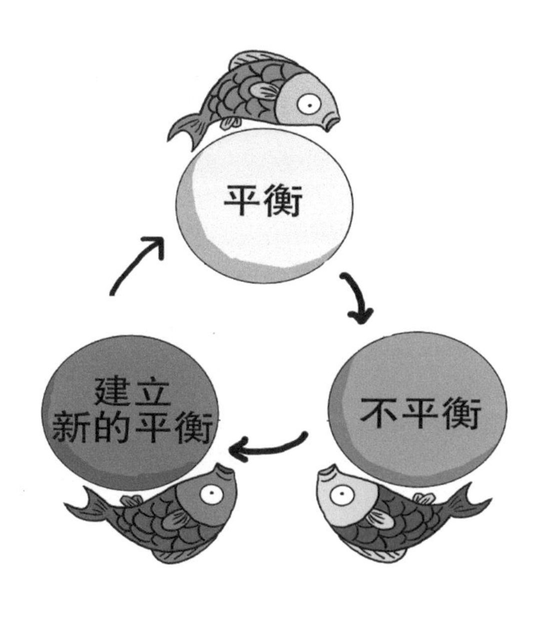

正是这种不断变化，使得生态平衡历经“平衡→不平衡→建立新的平衡”的反复过程，推动了生态系统整体和各组成部分的发展与进化。

当生态系统受到的外界干扰超过它本身自动调节的能力时，生态平衡就会被破坏。所以，生态平衡是动态的。

维护生态平衡不只是保持其原始稳定状态。生态系统可以在人为有益的影响下建立新的平衡，达到更合理的结构、更高效的功能和更好的生态效益。

11. 哪些人为因素造成了生态平衡失调

破坏生态平衡的因素有自然因素和人为因素。自然因素如水灾、旱灾、地震、台风、山崩、海啸等。

人为因素是造成生态平衡失调的主要原因。具体表现在以下几个方面。

（1）使生物种类改变

在生态系统中，盲目增加一个物种，有可能使生态平衡遭受破坏。例如，美国在 1929 年开凿的韦兰运河，把内陆水系与海洋沟通，导致八目鳗进入内陆水系，使鳟鱼产量由 2000 万千克减至 5000 千克，严重破坏了内陆水产资源。在一个生态系统中减少一个物种也有可能使生态平衡遭到破坏。20 世纪 50 年代，我国曾大量捕杀过麻雀，致使一些地区虫害严重。

1906 年，美国亚利桑那州的卡巴森林为保护鹿群，捕杀肉食动物，导致鹿群大量繁殖最后没有食物而濒临灭绝。

（2）使环境因素改变

如人类生产、生活过程中产生大量的废水、废气、垃圾等，不断排放到环境中；人类对自然资源不合理利用或掠夺性利用，例如，滥砍滥伐、盲目开荒等，都会造成生态平衡失调。

（3）对生物信息系统的破坏

例如，自然界中有许多昆虫靠分泌释放性外激素引诱同种雄性成虫交尾，如果人们向大气中排放的污染物能与之发生化学反应，则雌虫的性外激素就失去了引诱雄虫的生理活性，结果势必影响昆虫交尾和繁殖，最后导致种群数量下降甚至消失。

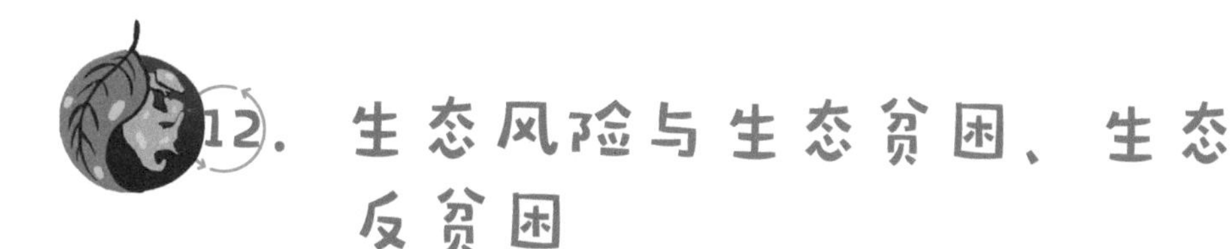

12. 生态风险与生态贫困、生态反贫困

生态风险是指在一定区域内，具有不确定性的事故或灾害对生态系统及其组成部分可能产生的作用，这些作用的结果可能导致生态系统结构和功能的损伤，从而危及生态系统的安全和健康。

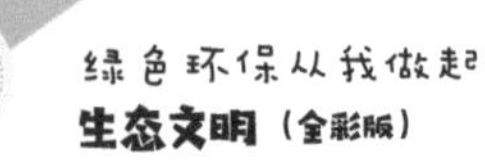

生态风险具有以下特征：第一，生态风险不单纯是自然风险，大部分是人为造成的，人类活动对自然环境的过度开发是生态风险的重要源头；第二，生态风险体现了科学技术具有负面作用；第三，生态风险具有较强的隐蔽性，人们在短时间内很难觉察；第四，生态风险的存在方式具有突变性的特征，某一地区局部风险积累到一定程度，会打破量变质变规律的常态，造成整个生态系统的崩塌；第五，生态风险的治理具有长期性和艰难性的特征，其爆发与危害很难在短期内清除。

生态贫困是指当一个地区的人类负荷超过其生态承载力时，该地区的生态供给不能满足生态需求的现象。生态脆弱、自然环境的恶劣导致当地人民生活贫困，人民生活贫困又不得不对资源进行掠夺式地开发，反过来又加剧了脆弱的生态环境的恶化。

与此相反，生态反贫困是指为缓和生态脆弱地区人与环境之间的矛盾，借助一系列自然和社会的手段，打破生态环境、经济社会与人口的制约关系，实现对生态脆弱地区环境的改善，同时提高生态脆弱地区人民的生活水平并促进经济发展。

13. 生态修复与生态补偿

生态修复是指对生态系统停止人为干扰，以减轻负荷，依靠生态系统的自我调节能力与自组织能力使其向有序的方向进行演化，或者利用生态系统的这种自我恢复能力，辅以人工措施，使遭到破坏的生态系统逐步恢复或使生态系统向良性循环方向发展。比如砍伐的森林再造林、退耕还林、让动物回到原来的生活环境中等。

生态补偿是指以保护生态环境、促进人与自然和谐发展为目的，以经济手段为主调节生态保护利益相关者之间的制度安排。综合国内外学者的研究并结合我国的实际情况，对生态补偿的理解有广义和狭义之分。广义的生态补偿既包括对生态系统和自然资源保护所获得效益的奖励或破坏生态系统和自然资源所造成损失的赔偿，也包括对造成环境污染者的收费。狭义的生态补偿则主要是指前者。

生态补偿通常包括以下主要内容：一是对生态系统本身保护（恢复）或破坏的成本进行补偿；二是通过经济手段将经济效益的外部性内部化；三是对个人或区域保护生态系统和环境的投入或放弃发展机会的损失的经济补偿；四是对具有重大生态价值的区域或对象进行保护性投入。

14. 生态灾难具体表现在哪些方面

生态灾难是指特殊干扰事件引起的生态性结构损毁与功能丧失，进而造成相关生命的伤害、冲击与灭亡等灾难。

灾难幅度不同，大型生态灾难所涵盖的时空尺度大，伤害范围广，复原时间长。

如因无节制开垦土地、滥伐森林而使土地荒漠化。荒漠化给人类和社会带来的灾难就是一种生态灾难。

（1）臭氧层破坏

臭氧层破坏主要是通过现代生活大量使用的化学物质氟里昂进入平流层，在紫外线作用下分解产生的氯原子与臭氧发生连锁反应而实现的。据有关资料统计表明，臭氧浓度降低 1%，皮肤癌发生率增加 4%，白内障发生率则增加 0.6%。

（2）温室效应

二氧化碳、一氧化二氮、甲烷、氟里昂等温室气体大量排向大气层，使全球气温升高的现象就是温室效应。据有关数据统计预测，到 2030 年全球海平面上升约 20 厘米，到 21 世纪末将上升 65 厘米，严重威胁到低洼的岛屿和沿海地带。

（3）土地退化和沙漠化

由于人们过度放牧、耕作、滥垦滥伐等人为因素和一系列自然因素的共同作用，使土地质量下降并逐步沙漠化。

（4）废物质污染及转移

废物质污染及转移是指工业生产和居民生活向自然界或向他国排放的废气、废液、固体废弃物等，严重污染空气、河流、湖泊、海洋和陆地环境以及危害人类健康。

以人们身边最常见的电视、电脑、手机等产品为例，其组件中一般含有六种主要的有害物质，即铅、镉、汞、六价铬、聚氯乙烯和溴化阻燃剂。如果将这些垃圾任意丢弃于野外或填埋于地下，其所含的重金属将随雨水渗入并污染土壤和地下水，最终通过植物、动物、人类的食物链不断累积，造成中毒事件。

（5）森林面积减少

森林对环境具有重大的调节功能，目前由于发达国家广泛进口木材，发展中国家开荒、采伐、放牧等，森林面积因此也大幅度减少。

（6）生物多样性减少

据估计，地球上的物种约有 3000 万种，每天以 40 ~ 140 种的速度消失。

（7）水资源枯竭

饮用水短缺已经威胁到人类的生存。因为河流干涸，人们不得不抽取宝贵的地下水。而长期抽取地下水，很可能会出现地面沉降、地下水位下降、咸水入侵和地下水污染等危害，严重威胁到人类的生存。

（8）核污染

核污染是指由于各种原因产生核泄漏甚至核爆炸而引起的放射性污染。其危害范围大，对周围生物破坏极为严重，持续时间长，事后处理危险且复杂。

（9）海洋污染

海洋污染常见的主要有原油污染、漂浮物污染和有机化合物污染及其引起的赤潮、黑潮等。海洋污染直接导致海洋环境恶化，生物品种减少等。

15．说一说，什么是生态入侵

生态入侵所带来的严重后果无法估量。如我国目前已知的外来有害植物就有百余种。它们分布在林地、草原、水域或湿地，与当地植物竞争土壤、水分和生存空间，造成了当地生物种类的下降或灭绝。

生态入侵主要通过自然传播、贸易渠道传播、旅客携带物传播以及人为引种传播四个途径。

生态入侵不仅会带来巨大的经济损失和生物多样性的丧失，同时它对生态系统的干扰也会产生深刻的影响，从而成为全球变化的一个重要影响因素。

下面就来讲讲生态入侵所带来的经济损失。

对于生态入侵只能以生物防治为主，化学、机械或人工方法为辅，不断提高对外来有害生物潜在危害及重要性的认识，采取有效的措施和办法减轻生态入侵所带来的危害。

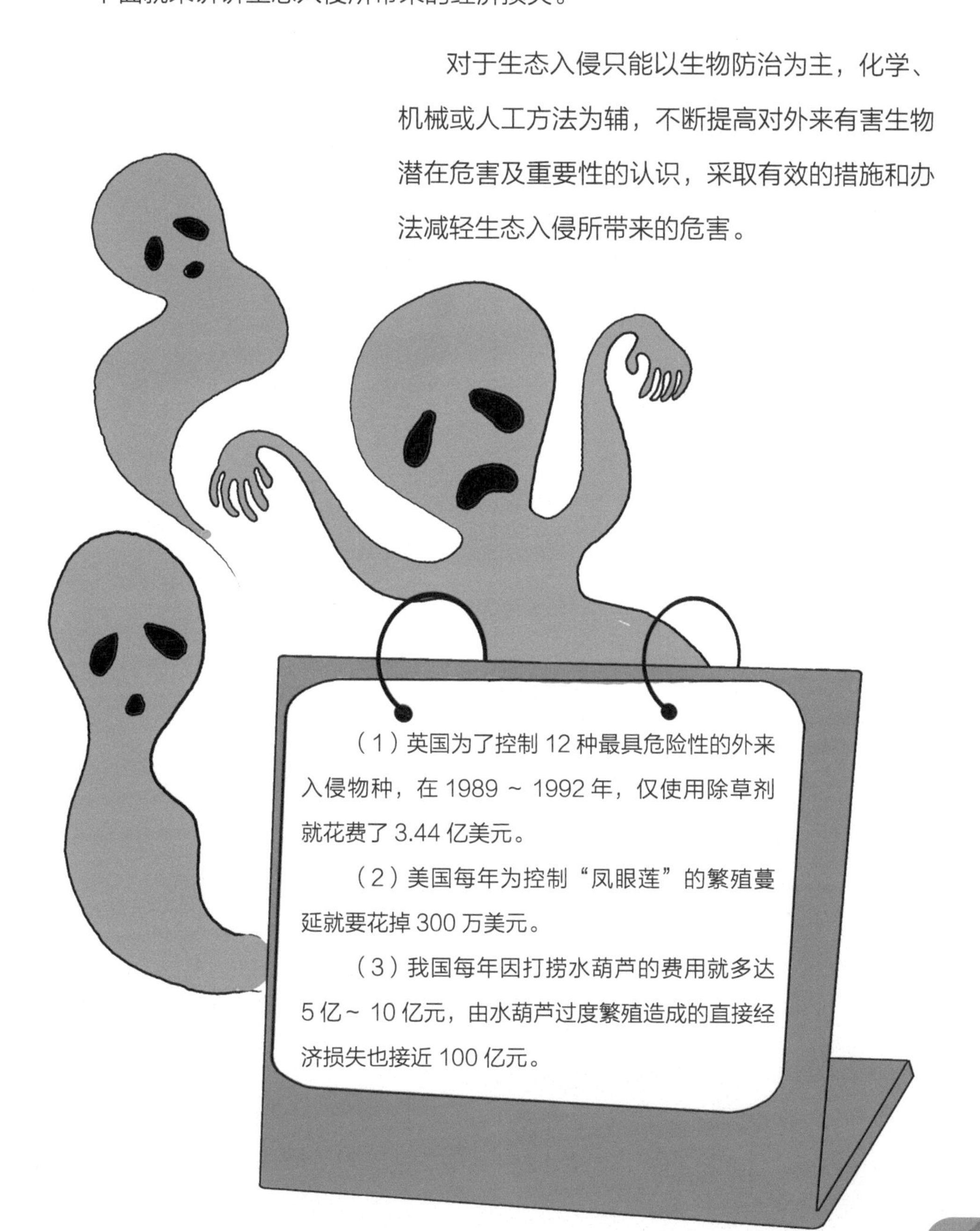

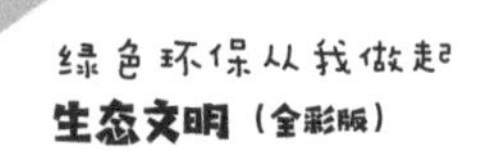

16. 历史上有名的“八大公害事件”

20世纪30～50年代，在世界范围内，由于环境污染而在短期内造成人群大量发病和死亡的八次较大的轰动世界的公害事件，分别是马斯河谷烟雾事件、多诺拉事件、美国洛杉矶光化学烟雾事件、伦敦烟雾事件、日本四日市事件、米糠油事件、日本水俣病事件、日本骨痛病事件。

在“八大公害事件”中，1930年12月发生在比利时马斯河谷工业区的烟雾事件、1948年10月发生在美国宾夕法尼亚州的多诺拉事件、1952年12月发生在美国洛杉矶市的光化学烟雾事件和英国伦敦的烟雾事件，以及1972年发生在日本四日市的四日市事件，都是因为工业生产废气或汽车尾气中排放的二氧化硫、烃类化合物、

氮氧化物、一氧化碳以及重金属微粒等废气造成空气污染而导致的。这些废气在日光作用下与大气中尘粒结合形成有毒的积存物，使大量人口中毒死亡。

另外，1953 ~ 1956 年发生在日本熊本县水俣市的水俣病事件以及 1955 ~ 1972 年发生在日本富山县神通川流域的骨痛病事件，都是因为工业废水中含有的汞、铅以及镉等有毒金属污染了水体，有毒金属通过稻米或者鱼虾进入人体，使大量人群中毒。

17. 世界上哪些古典文明的衰落与生态危机有关

在5000多年前，美索不达米亚平原曾是一片水草丰茂的沃野，人类最早的古巴比伦文明便诞生在这里。公元前2000年，古巴比伦人就已在数学、天文、医学、建筑等诸多方面达到了很高的文明程度。然而，由于人们一代代无休止的耕种和不合理的灌溉方式，破坏了原来肥沃的冲积土壤，土地大量盐碱化，粮食因此不断减产，最终酿成了巨大的生态危机。居住在这里的苏美尔人不得不纷纷逃离，使很多城市成为废墟，古巴比伦文明也因此衰落。

1000多年前，中美洲的玛雅人最早种植了玉米，建造了巨大的广场和金字塔，最大的城邦拥有6万多人，在天文学方面取得了卓越的成就。然而，玛雅人为了获得更多耕地，大量砍伐森林，由此带来的人口膨胀又进一步增加了对生态环境的破坏，这样的结果对地区气候状况产生了消极影响，随后因为其他自然灾害和社会因素引起了连锁反应，导致整个社会系统最终崩溃。

另外，古埃及、古罗马、古印度等文明的衰落都有着重要的生态环境因素。

第三章

生态文明的行为建设

1. 谁是生态文明的行为主体

政府是国家公共行政权力的象征、承载体和实际行为体。它不仅是整个社会人类生态文明行为的领导者和组织者，还是各国政府间冲突的协调者、处理者和发言人。

政府应该做到妥善处理政府、企业和公众的利益关系，综合运用法律、行政和经济手段，加强引导、协调和监督管理，通过自己的行为把企业和公众行为有效地组织起来，以生态文明思想、目标为前提形成和谐的社会行动，在全社会营造出建设生态文明的环境氛围。

企业一般是指以盈利为目的，运用各种生产要素，向市场提供商品或服务，实行自主经营、自负盈亏、独立核算的法人或其他社会经济组织。

企业作为各种产品的主要生产者和供应者，消耗各种自然资源的同时又直接生产出大量污染物，因此，企业行为的转变对于整个经济发展模式的转变尤为重要。

企业的行为是否符合生态文明的要求，对所在区域、国家乃至全人类的生态文明都有着重大的影响。

公众包括个人与各种社会群体。他们是生态文明行为的基层实施者和直接受益者。他们将在人类社会生活的各个领域和方面发挥最终的决定作用。

公众能否努力提高自身素质，能否有效地推动和监督政府和企业的行为，是发挥公众作用的关键环节。

2. 你、我是生态文明的行为对象吗

生态文明的行为对象是人类生存的环境。

人类的生存环境指围绕着人群的空间及其中可以直接、间接影响人类生存和发展的各种天然的和经过人工改造过的自然因素的总体。

环境包括自然环境和社会环境。自然环境是人们赖以生存和发展的必要物质条件，是人们周围各种自然因素的总和。

社会环境是在自然环境的基础上，人类通过长期有意识的社会劳动，加工和改造了的自然物质，创造的物质生产体系以及积累的物质文化等所形成的环境体系。

我们赖以生存的环境，是由简单到复杂、由低级到高级发展而来的。它凝聚着自然因素和社会因素的交互作用，体现着人类利用和改造自然的性质和水平。

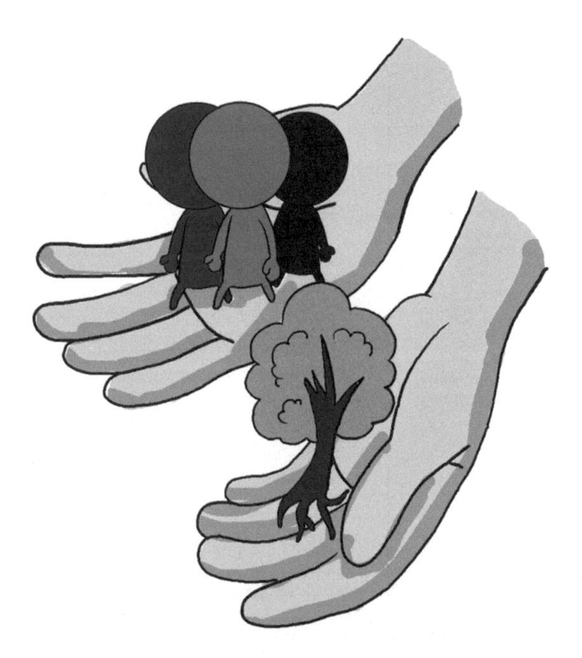

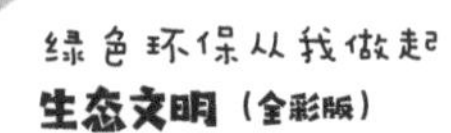

3. 生态文明行为主体与对象之间有关系吗

（1）人和自然是交互发展的

人类的诞生使得地表环境的发展进入了一个更高级的、在人类的参与下发展的新阶段，即人类与其环境辩证发展的新阶段，人类以自己的劳动来改造环境，把自然环境转变为新的生存环境，而新的生存环境再反作用于人类，在这一反复曲折的过程中，人类在改造客观世界的同时也改造着自己。

（2）人类社会既是生态文明行为的主体，又是生态文明行为的对象

人类社会的这种两重性是使生态文明行为主体与对象间呈现出错综复杂关系的根本原因。

（3）生态文明行为三大主体间存在着复杂的矛盾

建设生态文明是个复杂的系统工程，必须协调好政府、企业和公众三大主体间的矛盾，企业在生产过程中及政府在执政过程中，都必须考虑到公众的环保利益。

（4）生态文明三大主体在人类社会中可扮演不同角色，存在着复杂的矛盾冲突

生态文明行为的三大主体都是由个体的人组成的，任何一个个体，都将在社会中扮演不同的角色；角色不同，其利益追求或价值取向就不同，必然会有不同的社会行为，引发各种各样的矛盾冲突。

4. 确保国家生态安全的生命线

生态保护红线是指对维护国家和区域生态安全及经济社会可持续发展、保障人民群众健康具有关键作用，在提升生态功能、改善环境质量、促进资源高效利用等方面必须严格保护的最小空间范围与最高或最低数量限值。

生态保护红线对于维护国家或区域生态安全及经济社会可持续发展具有关键作用，其战略地位十分重要，划定生态保护红线是遏制生态环境退化形势的客观需求，是优化国家生态安全格局的基本前提，也是改革生态保护管理体制的必然途径，必须实行严格保护。

划定生态保护红线是维护国家生态安全的需要。过去 20 年间，我国甘南水源涵养重要生态功能区生态服务能力下降了 30% 左右；黑河下游防风固沙重要生态功能区生态服务能力下降了近 40%。划定生态保护红线，优化国土空间开发格局，理顺保护与发展的关系，才能维护国家生态安全。

划定生态保护红线是不断改善环境质量的关键举措。当前我国环境污染严重，以细颗粒物（$PM_{2.5}$）为特征的区域性复合型大气污染日益突出。2013 年以来，我国中东部地区出现的长时间、大范围、重污染雾霾天气，影响了近 6 亿人口；水环境质量也不容乐观。划定并严守生态保护红线，才能从源头上扭转生态环境恶化的趋势。

划定生态保护红线有助于增强经济社会可持续发展能力。我国人均耕地资源、森林资源、草地资源分别约为世界平均水平的 39%、23% 和 46%，有研究表明，我国土地资源合理承载力仅为 11.5 亿人，现已超载约 2.5 亿人。划定生态保护红线，有助于引导人口分布、经济布局与资源环境承载能力相适应。

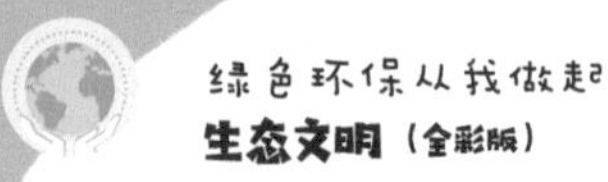

5. 生态文明建设的风向标——美丽中国

美丽中国作为生态文明建设的目标指向，是在党的十八大报告中首次提出的一个新概念，充分反映出我们党对人类文明发展规律认识的深化和对中华民族永续发展美好未来的向往，是党引领全国人民努力走向社会主义生态文明新时代的风向标。

（1）国土生态美是美丽中国的立国之基

国土是国家的立国之基，是生态文明建设的空间载体，良好的生态环境是人和社会持续发展的根本基础。离开了良好的国土生态环境，不要说经济社会的持续发展，就连人的生存繁衍也将无从谈起。国土生态环境的这种基础作用，决定了作为生态文明建设目标指向的美丽中国，一定具有良好的生态环境，其国土生态一定是美丽的。

（2）国民生产美是美丽中国的兴国之要

发展是执政兴国的第一要务，是解决我国所有问题的关键，也是美丽中国的兴国之要。但是，发展必须是坚持以人为本、全面协调可持续的发展，必须是在国家自然资源和生态环境得到有效保护的前提下实现的绿色发展、低碳发展、循环发展。发展的这种关键作用和本质属性，决定了美丽中国建设中的经济社会发展不仅要遵循经济规律和社会规律，更要遵循自然规律，从而决定了美丽中国的国民生产一定是美丽的。

（3）国民生活美是美丽中国的建国之宗

以人为本、执政为民，是党的根本宗旨。建设生态文明，是关系人民福祉，关乎民族未来的长远之计。党的根本宗旨和生态文明建设目标的一致性，决定了美丽中国建设一定要把人民群众的利益放在首位，以人民群众对于美好生活的向往作为出发点和落脚点，从而也决定了美丽中国的国民生活，包括物质生活和精神文化生活在内，一定是美丽的。

（4）国民身心美是美丽中国的强国之本

人民群众是历史的创造者，是生态文明建设乃至整个国家建设的主体，既承担着推动经济社会可持续发展的重任，还承担着保护生态环境、促进人与自然和谐的使命。人民群众在历史发展和国家建设中的这种主体地位和崇高使命，决定了作为美丽中国建设主体的全体国民，其身心一定是美丽的。

6. 说一说，生态文明建设中政府的行为

政府在发展经济时，要按照生态平衡的客观自然规律和要求，遵循人与自然和谐共处的宗旨，在制定政策时，充分考虑资源环境条件与发展的矛盾，建立符合国情的环境生态政策体系。

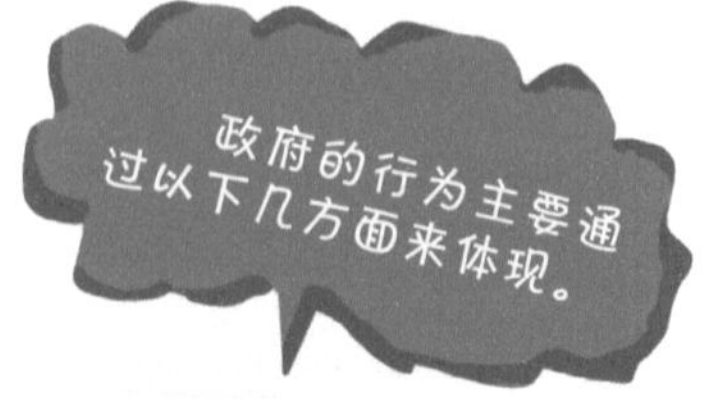

（1）通过市场手段

政府应该建立以市场调节为主导的生态环境治理机制，运用经济手段调节生产者和消费者的行为。同时，应考虑建立污染治理的度量监督机制，优化税收体系，合理确定收费标准，建立和完善环境准入、环境淘汰和排污许可证制度，并实行配套的税收、金融等方面的制度安排。

（2）通过行政和法律手段

政府要积极参与和推进我国生态环境改善的制度建设，并且有必要直接参与和进行微观领域的具体操作。

（3）探索并建立绿色国内生产总值（GDP）核算制度

GDP 核算体系在很大程度上主导着各个层面经济主体的经济行为，它在引导经济活动最大化时，也导致了资源占用和生态破坏的最大化。所以，应将资源环境的核算加入核算经济增长指标中，这样才能正确衡量发展成果和政府政绩。

（4）加强环境宣传教育，提高公众环保意识

目前来讲，我国公民的环境意识整体上比较淡薄，有必要加强环保宣传，充分调动公众保护和改善环境的积极性，增强公众保护环境的意识和责任感。

7. 企业行为在生态文明建设中的地位

企业是生态文明行为的主体之一，但是在某些情况下，它又可以成为生态文明行为的对象。可以说，企业在可持续发展中的地位是非常重要的。

具体从以下几个方面得以体现。

（1）企业是生态文明行为的主体之一

企业最大的特征就是从事经济活动，当它从事经济活动时，就要和资源、环境以及服务对象发生关系。

以钢厂为例，它在进行生产时，首先要有原料（铁矿石、焦炭等）；其次要消耗大量能源，包括一次能源（煤、燃料油）、二次能源（电能），还要消耗大量的水；再者，它在生产过程中会向环境排放大量的污染物（废水、废气、废渣等）。

现在有很多企业为了自身暂时的利益，对资源采取疯狂的、掠夺式的开采，并不惜以破坏环境和损害公众健康为代价，这些都是不文明的行为。

（2）企业是生态文明行为的对象

在国家实施一系列生态文明战略和行动计划时，企业便成为政府行为的对象。

具体表现为：

① 企业已经成为国家经济体制改革的对象；

② 企业必须不断进行技术改造；

③ 从环保的角度来看，个别企业污染严重，排放大量废水、废气、废渣等污染物，政府和环境保护行政主管部门要依照国家有关法律、法规和政策对企业进行环境管理。

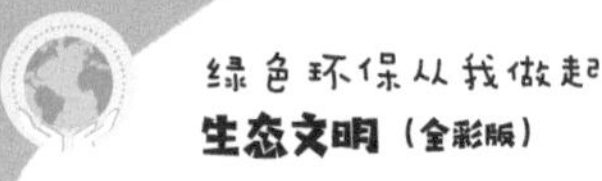

8. 企业实施清洁生产的重要作用和意义

清洁生产是指不断采取改进设计、使用清洁能源和原料、采用先进工艺技术与设备、改善管理、综合利用等措施，从源头削减污染，提高资源利用效率，减少或者避免生产、服务和产品使用过程中污染物的产生和排放，以减轻或者消除对人类健康和环境的危害。

清洁生产对解决环境污染非常重要。下面就来说说实施清洁生产具有的重要作用和意义。

（1）为生产发展赋予了新的内涵

清洁生产对经济行为、生产活动提出了新的更高的要求，也为生产发展赋予了新的内涵。推行清洁生产能够强化生产发展和保护资源、环境的契合，为实现可持续发展战略打下坚实基础。

（2）从根本上减轻环境污染和生态破坏

清洁生产的实施，能使企业的技术水平、产品质量、整体素质、经济效益、竞争实力不断提高，从根本上减轻环境污染和生态破坏。

（3）推动知识、技术、管理创新

实施清洁生产本身体现出观念、知识、技术、发展模式、管理方式等方面的不断更新，对推动知识、技术、管理创新具有积极作用和深远影响。

（4）促进企业自身建设

推行清洁生产作为实施可持续发展的具体实践，能够促进企业自身建设，增强经济实力，减少风险，对进一步发展对外贸易、与世界经济接轨提供有力保障。

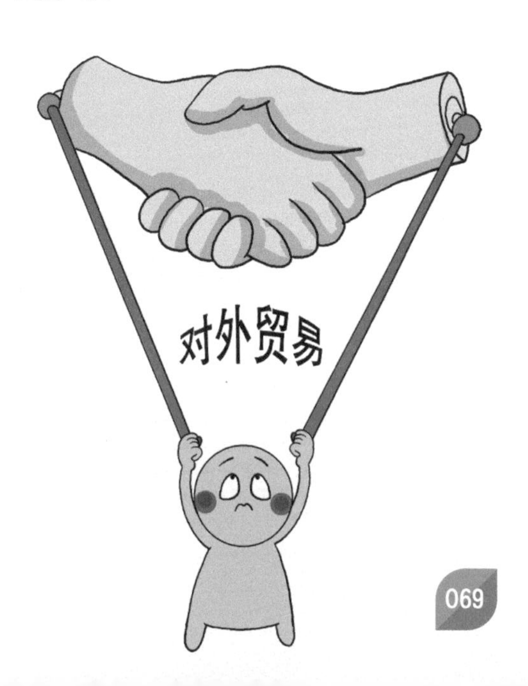

9. 说一说，公众参与环境保护发展的特点

综合各国的环境保护情况来看，公众对环境保护的参与是个发展的过程，主要具有以下几方面特点。

（1）组织性加强，非政府组织在公众参与中起着十分重要的作用

公众参与过程大体可以分为两个阶段。以 20 世纪 70 年代为界，在 70 年代以前，各国公众参与环境保护主要采取集会、游行、抗议、请愿等方式，环境保护群众运动基本上处于松散状态；70 年代后，公众参与的组织性增强，涌现出大量的环境保护非政府组织，他们对生态运动的蓬勃发展发挥了很重要的作用。

（2）公众参与环境保护的领域越来越广

随着环境保护的逐步深入人心，公众对环境保护的参与早已不局限于对污染的反对。一方面，公众身体力行地从点点滴滴做起，参与环境保护，维护生态的平衡；另一方面，公众积极参与环境决策，如各国环境立法普遍确立的公众

对环境影响评价制度的参与，实质上就是一种环境决策的公众参与，也标志着各国公众参与环境保护走向制度化和法律化的轨道。

（3）公众对环境保护的参与逐步进入国际化层面

1972 年联合国召开的具有里程碑意义的第一次人类环境会议是公众参与环境保护的第一次高潮。1992 年在里约热内卢召开了环境与发展大会。2002 年 8 月 26 日至 9 月 4 日，在南非约翰内斯堡召开了可持续发展世界首脑会议。

10. 公众参与生态文明建设的渠道、权利、激励机制是什么

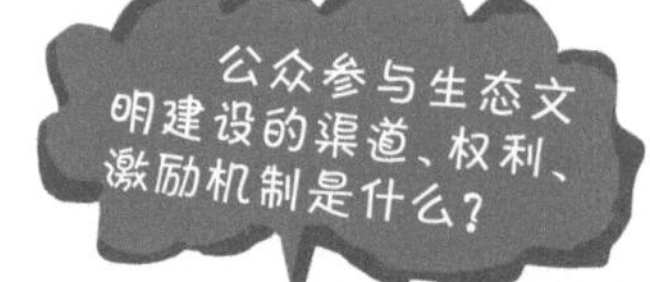

公众参与是生态文明建设的重要基础。全体人民有权利也有责任共同参与、共同推动生态文明建设。公众可以通过社区合作组织、环保志愿组织参与生态文明建设。社区是居民生活的共同体，社区建设不仅要关注设施建设、文化建设、经济建设，还要注重社区的生态文明建设。

公众参与生态文明建设过程中的权利主要有：一是生态环境状况的知情权，让公众及时了解到当前生态环境的确切信息；二是生态文明建设的参与权，公众能够参与生态文明建设的决策环节、监督环节，最大限度地参与其中；三是对生态文明资源的使用权，包括生态基础理论知识、生态实验设备、生态典型基地等，只有这样才能使公众真正发挥生态文明共建的作用；四是对于自身基本权利受到侵害后的救济权。

公众参与生态文明建设的积极性，需要生态文明激励机制来保障。政府应该制定和完善生态文明建设的激励制度，对那些为保护生态环境做出贡献的个人给予适当的激励和补偿。

11. 什么是“绿色教育”

生态文明的教育，是绿色教育，或教育生态化，它以人与自然和谐为目标。人与自然和谐，它的题中之义包含人与人社会关系和谐。因为所有人的活动都以一定的社会关系为前提，没有纯粹的个人，人与自然的关系以一定的社会关系为基础。

“绿色大学”的本质是一种大学模式或办学方向的转变，包括办学观念，教学目标，教学内容，课程、专业和学位设置，教学方法和思维方式等一系列转变，以培养一代具有绿色理念和新的思维方式以及掌握真正的高科技（绿色技术）的新型人才。

也就是说，绿色大学首先是办学目标的转变。所有大学的培养目标，不仅应有经济和社会目标，而且应该有环境和生态目标。学生都需要学一点生态学，对自己的工作进行生态设计，成为生态文明时代需要的全面发展的人才，有现代科学知识、有完善人格的人才。

绿色大学的发展将推动教育模式变化，创造生态文明的教育模式，以培养一代代具有绿色理念和绿色素质的人才，他们掌握了新的有利于生态保护的高科技知识，将创造和开发绿色技术（生态工艺），推动社会的绿色生产，发展循环经济，建设生态文明。绿色大学推动科学技术发展模式转变，促进自然科学－技术科学－社会科学的相互渗透和统一，推动科学技术健康发展和繁荣进步，及其有利于人与社会和谐发展，人与自然生态和谐发展的应用。这样，我们的国家就会走向可持续发展的道路，创造生态文明的新社会。

12. 什么是“绿色消费”

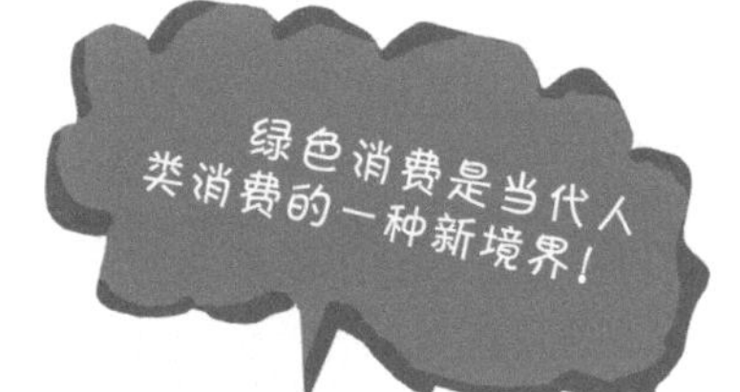

绿色消费，也称可持续消费，是指以适度节制消费，避免或减少对环境的破坏，崇尚自然和保护生态等为特征的消费行为和消费过程。

绿色消费不仅包括绿色产品，还包括物资的回收利用，能源的有效使用，对生存环境、物种环境的保护等。绿色消费主要有三层含义：一是消费时选择未被污染或有助于公众健康的绿色产品；二是消费者转变消费观念，崇尚自然、追求健康，在追求生活舒适的同时注重环保、节约资源和能源，实现可持续消费；三是在消费过程中注重对废弃资源的处理处置，不造成环境污染。

发展绿色消费，就是要求个人建立起绿色消费的观念，从而采取绿色消费的行为。绿色消费观念的形成离不开政府的引导。政府可以出台一系列绿色消费资助政策，诸如绿色产品信贷优惠、绿色消费补贴等，引导居民消费结构向绿色、循环、低碳方向发展。

绿色消费是生态文明的标志之一，体现了人与社会的进步与发展。积极参与绿色消费、抵制有害生态环境的产品是每个消费者应尽的道德义务和道德责任。因为每个人的生活都离不开环境保护，从垃圾的分类到生活中的消费习惯无时无刻不反映着一个人对地球和人类未来命运的关注程度，体现一个人对环境保护这一伟大事业所做的贡献。

13. 什么是“绿色生活”

绿色生活方式，是一种按照社会生活生态化的要求，培育支持生态系统的生产能力和生活能力，创建有利于生态环境和子孙后代可持续发展的环保型生活方式。

人们日常生活活动的方式和形式，主要反映为衣、食、住、行、用、娱乐等日常消费生活和支配闲暇时间的方式，我们可以从小事着手，使用绿色产品，参与绿色志愿服务，使绿色消费、绿色出行、绿色居住成为人们的自觉行动。

（1）绿色服装

遏制将珍稀野生动物毛皮作为服装原料的行为，限制含有毒有害物质的服装材料、染料、助剂、洗涤剂及干洗剂的生产与使用。完善居民社区再生资源回收体系，有序推进二手服装再利用。

（2）绿色饮食

鼓励餐饮行业减少提供一次性餐具、更多提供可降解打包盒。鼓励餐饮企业对餐厨垃圾实施分类回收与利用。任何单位和个人不得在当地人民政府禁止的区域内露天烧烤食品或者为露天烧烤食品提供场地。

（3）绿色居住

合理控制室内空调温度，推广绿色居住，减少无效照明，减少电器设备待机能耗，提倡家庭节约用水用电。引导家具等行业采用水性木器涂料、水性油墨、水性胶黏剂等环保型原材料，加强 VOCs 等污染控制，切实提升清洁生产水平。

（4）绿色出行

倡导步行、自行车和公共交通等低碳出行。鼓励消费者旅行自带洗漱用品，提倡重拎布袋子、重提菜篮子、重复使用环保购物袋，减少使用一次性日用品。支持发展共享经济，鼓励个人闲置资源有效利用，有序发展网络预约拼车、自有车辆租赁、民宿出租、旧物交换利用等。

第四章

生态文明的法制建设

1. 环境保护法

为保护和改善环境，防治污染和其他公害，保障公众健康，推进生态文明建设，促进经济社会可持续发展，制定了《中华人民共和国环境保护法》。

该法由中华人民共和国第十二届全国人民代表大会常务委员会第八次会议于2014年4月24日修订通过，自2015年1月1日起施行。

第一，保护环境是国家的基本国策。

国家采取有利于节约和循环利用资源、保护和改善环境、促进人与自然和谐的经济、技术政策和措施，使经济社会发展与环境保护相协调。

第二，环境保护坚持保护优先、预防为主、综合治理、公众参与、损害担责的原则。

第三，一切单位和个人都有保护环境的义务。

地方各级人民政府应当对本行政区域的环境质量负责。

企业事业单位和其他生产经营者应当防止、减少环境污染和生态破坏，对所造成的损害依法承担责任。

公民应当增强环境保护意识，采取低碳、节俭的生活方式，自觉履行环境保护义务。

第四，国家支持环境保护科学技术研究、开发和应用，鼓励环境保护产业发展，促进环境保护信息化建设，提高环境保护科学技术水平。

第五，加大宣传与教育力度。

各级人民政府应当加强环境保护宣传和普及工作，鼓励基层群众性自治组织、社会组织、环境保护志愿者开展环境保护法律法规和环境保护知识的宣传，营造保护环境的良好风气。

教育行政部门、学校应当将环境保护知识纳入学校教育内容，培养学生的环境

保护意识。

新闻媒体应当开展环境保护法律法规和环境保护知识的宣传，对环境违法行为进行舆论监督。

第六，环境日的设立与奖励。

每年 6 月 5 日为环境日。对保护和改善环境有显著成绩的单位和个人，由人民政府给予奖励。

2. 土壤污染防治法

《中华人民共和国土壤污染防治法》已由中华人民共和国第十三届全国人民代表大会常务委员会第五次会议于 2018 年 8 月 31 日通过，现予公布，自 2019 年 1 月 1 日起施行。

为了保护和改善生态环境，防治土壤污染，保障公众健康，推动土壤资源永续利用，推进生态文明建设，促进经济社会可持续发展，制定本法。

（1）在中华人民共和国领域及管辖的其他海域从事土壤污染防治及相关活动，适用本法。

本法所称土壤污染，是指因人为因素导致某种物质进入陆地表层土壤，引起土壤化学、物理、生物等方面特性的改变，影响土壤功能和有效利用，危害公众健康或者破坏生态环境的现象。

（2）土壤污染防治应当坚持预防为主、保护优先、分类管理、风险管控、污染担责、公众参与的原则。

（3）任何组织和个人都有保护土壤、防止土壤污染的义务。

土地使用权人从事土地开发利用活动，企业事业单位和其他生产经营者从事生产经营活动，应当采取有效措施，防止、减少土壤污染，对所造成的土壤污染依法承担责任。

（4）地方各级人民政府应当对本行政区域土壤污染防治和安全利用负责。

国家实行土壤污染防治目标责任制和考核评价制度，将土壤污染防治目标完成情况作为考核评价地方各级人民政府及其负责人、县级以上人民政府负有土壤污染防治监督管理职责的部门及其负责人的内容。

（5）各级人民政府应当加强对土壤污染防治工作的领导，组织、协调、督促有关部门依法履行土壤污染防治监督管理职责。

（6）国务院生态环境主管部门对全国土壤污染防治工作实施统一监督管

理；中华人民共和国农业农村部、自然资源部、住房和城乡建设部、林业和草原局等主管部门在各自职责范围内对土壤污染防治工作实施监督管理。

地方人民政府生态环境主管部门对本行政区域土壤污染防治工作实施统一监督管理；地方人民政府农业农村、自然资源、住房和城乡建设、林业和草原等主管部门在各自职责范围内对土壤污染防治工作实施监督管理。

（7）国家建立土壤环境信息共享机制。

国务院生态环境主管部门应当会同国务院农业农村、自然资源、住房和城乡建设、水利、卫生健康、林业和草原等主管部门建立土壤环境基础数据库，构建全国土壤环境信息平台，实行数据动态更新和信息共享。

（8）国家支持土壤污染风险管控和修复、监测等污染防治科学技术研究开发、成果转化和推广应用，鼓励土壤污染防治产业发展，加强土壤污染防治专业技术人才培养，促进土壤污染防治科学技术进步。

国家支持土壤污染防治国际交流与合作。

（9）各级人民政府及其有关部门、基层群众性自治组织和新闻媒体应当加强土壤污染防治宣传教育和科学普及，增强公众土壤污染防治意识，引导公众依法参与土壤污染防治工作。

3. 水污染防治法

为了保护和改善环境，防治水污染，保护水生态，保障饮用水安全，维护公众健康，推进生态文明建设，促进经济社会可持续发展，我国制定了《中华人民共和国水污染防治法》。

该法适用于中华人民共和国领域内的江河、湖泊、运河、渠道、水库等地表水体以及地下水体的污染防治。

该法总结了我国水污染防治的经验，借鉴了国际上的一些成功做法，加强了水污染源头控制，完善了水环境监测网络，强化了重点水污染物排放总量控制制度，全面推行了排污许可制度，完善了饮用水水源保护区管理制度，加强了工业污染防治和城镇污染的防治，增加了农村面源污染防治和内河船舶的污染防治，增加了水污染应急反应规范，加大了对违法行为的处罚力度，完善了民事法律责任。

下面具体阐述一下该法的部分规定。

（1）水污染防治应当坚持预防为主、防治结合、综合治理的原则，优先保护饮用水水源，严格控制工业污染、城镇生活污染，防治农业面源污染，积极推进生态治理工程建设，预防、控制和减少水环境污染和生态破坏。

（2）县级以上人民政府应当将水环境保护工作纳入国民经济和社会发展规划。

地方各级人民政府对本行政区域的水环境质量负责，应当及时采取措施防治水污染。

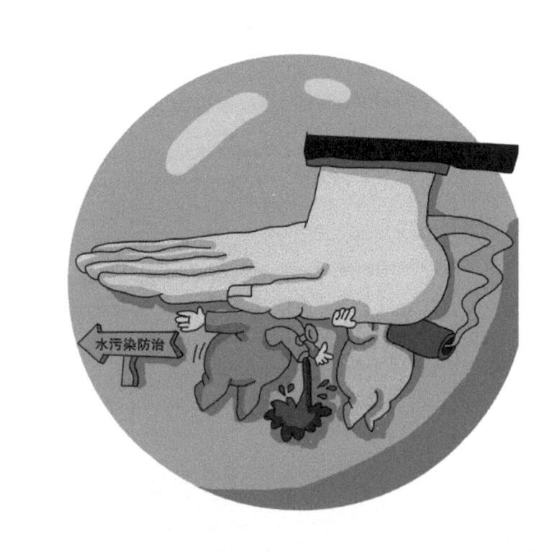

（3）省、市、县、乡建立河长制，分级分段组织领导本行政区域内江河、湖泊的水资源保护、水域岸线管理、水污染防治、水环境治理等工作。

（4）国家实行水环境保护目标责任制和考核评价制度，将水环境保护目标完成情况作为对地方人民政府及其负责人考核评价的内容。

（5）国家鼓励、支持水污染防治的科学技术研究和先进适用技术的推广应用，加强水环境保护的宣传教育。

（6）国家通过财政转移支付等方式，建立健全对位于饮用水水源保护区区域和江河、湖泊、水库上游地区的水环境生态保护补偿机制。

（7）县级以上人民政府环境保护主管部门对水污染防治实施统一监督管理。

交通主管部门的海事管理机构对船舶污染水域的防治实施监督管理。

县级以上人民政府水行政、国土资源、卫生、建设、农业、渔业等部门以及重要江河、湖泊的流域水资源保护机构，在各自的职责范围内，对有关水污染防治实施监督管理。

（8）排放水污染物，不得超过国家或者地方规定的水污染物排放标准和重点水污染物排放总量控制指标。

（9）任何单位和个人都有义务保护水环境，并有权对污染损害水环境的行为进行检举。

县级以上人民政府及其有关主管部门对在水污染防治工作中做出显著成绩的单位和个人给予表彰和奖励。

4. 大气污染防治法

近年来，我国非常重视环境保护工作，采取污染防治与生态保护并重，生态建设与生态保护并举，保护优先，预防为主，防治结合等一系列方针政策，在保护植被、植树造林、草地建设、水土保持、退耕还林还草及控制污染物的排放等方面取得了不同程度的进展。

但由于在环境保护方面认识上和行动上的问题，既缺乏治理的力度，又存在着粗放型的经济增长方式和不合理的资源开发利用，致使生态环境的恶化在一些领域、一些地区没有得到有效的控制，大气污染依然严重。

为保护和改善环境，防治大气污染，保障公众健康，推进生态文明建设，促进经济社会可持续发展，我国制定了《中华人民共和国大气污染防治法》。

（1）防治大气污染，应当以改善大气环境质量为目标，坚持源头治理，规划先行，转变经济发展方式，优化产业结构和布局，调整能源结构。

防治大气污染，应当加强对燃煤、工业、机动车船、扬尘、农业等大气污染的综合防治，推行区域大气污染联合防治，对颗粒物、二氧

化硫、氮氧化物、挥发性有机物、氨等大气污染物和温室气体实施协同控制。

（2）县级以上人民政府应当将大气污染防治工作纳入国民经济和社会发展规划，加大对大气污染防治的财政投入。

地方各级人民政府应当对本行政区域的大气环境质量负责，制订规划，采取措施，控制或者逐步削减大气污染物的排放量，使大气环境质量达到规定标准并逐步改善。

（3）国务院生态环境主管部门会同国务院有关部门，按照国务院的规定，对省、自治区、直辖市大气环境质量改善目标、大气污染防治重点任务完成情况进行考核。省、自治区、直辖市人民政府制定考核办法，对本行政区域内地方大气环境质量改善目标、大气污染防治重点任务完成情况实施考核。考核结果应当向社会公开。

（4）县级以上人民政府生态环境主管部门对大气污染防治实施统一监督管理。县级以上人民政府其他有关部门在各自职责范围内对大气污染防治实施监督管理。

（5）国家鼓励和支持大气污染防治科学技术研究，开展对大气污染来源及其变化趋势的分析，推广先进适用的大气污染防治技术和装备，促进科技成果转化，发挥科学技术在大气污染防治中的支撑作用。

（6）企业事业单位和其他生产经营者应当采取有效措施，防止、减少大气污染，对所造成的损害依法承担责任。

公民应当增强大气环境保护意识，采取低碳、节俭的生活方式，自觉履行大气环境保护义务。

5. 节约能源法

为了推动全社会节约能源，提高能源利用效率，保护和改善环境，促进经济社会全面协调可持续发展，我国制定了《中华人民共和国节约能源法》。

能源是指煤炭、石油、天然气、生物质能和电力、热力以及其他直接或者通过加工、转换而取得有用能的各种资源；节约能源（以下简称节能），是指加强用能管理，采取技术上可行、经济上合理以及环境和社会可以承受的措施，从能源生产到消费的各个环节，降低消耗、减少损失和污染物排放、制止浪费，有效、合理地利用能源。

节约资源是我国的基本国策。国家实施节约与开发并举、把节约放在首位的能源发展战略。

节约能源法的基本内容包括以下几方面。

（1）国务院和县级以上地方各级人民政府应当将节能工作纳入国民经济和社会发展规划、年度计划，并组织编制和实施节能中长期专项规划、年度节能计划。

国务院和县级以上地方各级人民政府每年向本级人民代表大会或者其常务委员会报告节能工作。

（2）国家实行节能目标责任制和节能考核评价制度，将节能目标完成情况作为对地方人民政府及其负责人考核评价的内容。

省、自治区、直辖市人民政府每年向国务院报告节能目标责任的履行情况。

（3）国家实行有利于节能和环境保护的产业政策，限制发展高耗能、高污染行业，发展节能环保型产业。

国务院和省、自治区、直辖市人民政府应当加强节能工作，合理调整产业结构、企业结构、产品结构和能源消费结构，推动企业降低单位产值能耗和单位产品能耗，淘汰落后的生产能力，改进能源的开发、加工、转换、输送、储存和供应，提高能源利用效率。

国家鼓励、支持开发和利用新能源、可再生能源。

（4）国家鼓励、支持节能科学技术的研究、开发、示范和推广，促进节能技术创新与进步。

国家开展节能宣传和教育，将节能知识纳入国民教育和培训体系，普及节能科学知识，增强全民的节能意识，提倡节约型的消费方式。

（5）任何单位和个人都应当依法履行节能义务，有权检举浪费能源的行为。

新闻媒体应当宣传节能法律、法规和政策，发挥舆论监督作用。

（6）国务院管理节能工作的部门主管全国的节能监督管理工作。国务院有关部门在各自的职责范围内负责节能监督管理工作，并接受国务院管理节能工作的部门的指导。

县级以上地方各级人民政府管理节能工作的部门负责本行政区域内的节能监督管理工作。县级以上地方各级人民政府有关部门在各自的职责范围内负责节能监督管理工作，并接受同级管理节能工作的部门的指导。

6. 可再生能源法

为了促进可再生能源的开发利用，增加能源供应，改善能源结构，保障能源安全，保护环境，实现经济社会的可持续发展，我国制定了《中华人民共和国可再生能源法》。

本法适用于中华人民共和国领域和管辖的其他海域。

这里的可再生能源是指风能、太阳能、水能、生物质能、地热能、海洋能等非化石能源。

随着全球气候变化威胁的日益扩大，“低碳发展”概念已越来越为世界各国所认同，其推行已经成为大势所趋。除了继续提高现有能源的利用效率外，更应该开发利用以可再生能源为代表的非化石能源。

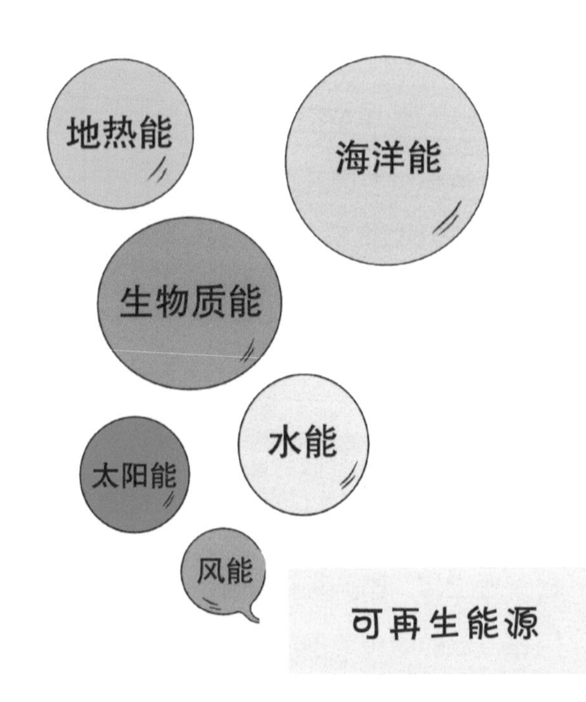

世界各主要发达国家和地区已经制定了推动可再生能源发展的专门规划或法规，如欧盟制定的低碳发展一揽子计划中规定，2020 年要将可再生能源在总能源利用中的比例提高到 20%；美国则在《清洁能源安全法》中大幅提高可再生能源的利用程度。

我国也在不断修订原有的法律，新的《可再生能源法》（修正案）于 2009 年 12 月表决通过，并于 2010 年 4 月 1 日正式实施生效。

（1）国家将可再生能源的开发利用列为能源发展的优先领域，通过制定可再生能源开发利用总量目标和采取相应措施，推动可再生能源市场的建立和发展。

国家鼓励各种所有制经济主体参与可再生能源的开发利用，依法保护可再生能源开发利用者的合法权益。

（2）国务院能源主管部门对全国可再生能源的开发利用实施统一管理。国务院有关部门在各自的职责范围内负责有关的可再生能源开发利用管理工作。

县级以上地方人民政府管理能源工作的部门负责本行政区域内可再生能源开发利用的管理工作。县级以上地方人民政府有关部门在各自的职责范围内负责有关的可再生能源开发利用管理工作。

7. 防沙治沙法

为预防土地沙化，治理沙化土地，维护生态安全，促进经济和社会的可持续发展，制定《中华人民共和国防沙治沙法》。

在中华人民共和国境内，从事土地沙化的预防、沙化土地的治理和开发利用活动，必须遵守本法。

土地沙化是指因气候变化和人类活动所导致的天然沙漠扩张和沙质土壤上植被破坏、沙土裸露的过程。

本法所称土地沙化，是指主要因人类不合理活动所导致的天然沙漠扩张和沙质土壤上植被及覆盖物被破坏，形成流沙及沙土裸露的过程。

本法所称沙化土地，包括已经沙化的土地和具有明显沙化趋势的土地。具体范围，由国务院批准的全国防沙治沙规划确定。

（1）防沙治沙工作应当遵循以下原则：

① 统一规划，因地制宜，分步实施，坚持区域防治与重点防治相结合。

② 预防为主，防治结合，综合治理。

③ 保护和恢复植被与合理利用自然资源相结合。

④ 遵循生态规律，依靠科技进步。

⑤ 改善生态环境与帮助农牧民脱贫致富相结合。

⑥ 国家支持与地方自力更生相结合，政府组织与社会各界参与相结合，鼓励单位、个人承包防治。

⑦ 保障防沙治沙者的合法权益。

（2）国务院和沙化土地所在地区的县级以上地方人民政府，应当将防沙治沙纳入国民经济和社会发展计划，保障和支持防沙治沙工作的开展。

沙化土地所在地区的地方各级人民政府，应当采取有效措施，预防土地沙化，治理沙化土地，保护和改善本行政区域的生态质量。

国家在沙化土地所在地区，建立政府行政领导防沙治沙任期目标责任考核奖惩制度。沙化土地所在地区的县级以上地方人民政府，应当向同级人民代表大会及其常务委员会报告防沙治沙工作情况。

（3）在国务院领导下，国务院林业草原行政主管部门负责组织、协调、指导全国防沙治沙工作。

国务院林业草原、农业、水利、土地、生态环境等行政主管部门和气象主管机构，按照有关法律规定的职责和国务院确定的职责分工，各负其责，密切配合，共同做好防沙治沙工作。

县级以上地方人民政府组织、领导所属有关部门，按照职责分工，各负其责，密切配合，共同做好本行政区域的防沙治沙工作。

（4）使用土地的单位和个人，有防止该土地沙化的义务。

使用已经沙化土地的单位和个人，有治理该沙化土地的义务。

（5）国家支持防沙治沙的科学研究和技术推广工作，发挥科研部门、机构在防沙治沙工作中的作用，培养防沙治沙专门技术人员，提高防沙治沙的科学技术水平。

国家支持开展防沙治沙的国际合作。

（6）在防沙治沙工作中做出显著成绩的单位和个人，由人民政府给予表彰和奖励；对保护和改善生态质量做出突出贡献的应当给予重奖。

（7）沙化土地所在地区的各级人民政府应当组织有关部门开展防沙治沙知识的宣传教育，增强公民的防沙治沙意识，提高公民防沙治沙的能力。

8. 固体废物污染环境防治法

为了防治固体废物污染环境，保障人体健康，维护生态安全，促进经济社会可持续发展，制定《中华人民共和国固体废物污染环境防治法》。

本法适用于中华人民共和国境内固体废物污染环境的防治。

固体废物污染海洋环境的防治和放射性固体废物污染环境的防治不适用本法。

（1）国家对固体废物污染环境的防治，实行减少固体废物的产生量和危害性、充分合理利用固体废物和无害化处置固体废物的原则，促进清洁生产和循环经济发展。

国家采取有利于固体废物综合利用活动的经济、技术政策和措施，对固体废物实行充分回收和合理利用。

国家鼓励、支持采取有利于保护环境的集中处置固体废物的措施，促进固体废物污染环境防治产业发展。

（2）县级以上人民政府应当将固体废物污染环境防治工作纳入国民经济和社会发展计划，并采取有利于固体废物污染环境防治的经济、技术政策和措施。

国务院有关部门、县级以上地方人民政府及其有关部门组织编制城乡建设、土地利用、区域开发、产业发展等规划，应当统筹考虑减少固体废物的产生量和危害性、促进固体废物的综合利用和无害化处置。

（3）国家对固体废物污染环境防治实行污染者依法负责的原则。

产品的生产者、销售者、进口者、使用者对其产生的固体废物依法承担污染防治责任。

（4）国家鼓励、支持固体废物污染环境防治的科学研究、技术开发、推广先进的防治技术和普及固体废物污染环境防治的科学知识。

各级人民政府应当加强防治固体废物污染环境的宣传教育，倡导有利于环境保护的生产方式和生活方式。

（5）国家鼓励单位和个人购买、使用再生产品和可重复利用产品。

（6）各级人民政府对在固体废物污染环境防治工作以及相关的综合利用活动中做出显著成绩的单位和个人给予奖励。

（7）任何单位和个人都有保护环境的义务，并有权对造成固体废物污染环境的单位和个人进行检举与控告。

（8）国务院环境保护行政主管部门对全国固体废物污染环境的防治工作实施统一监督管理。国务院有关部门在各自的职责范围内负责固体废物污染环境防治的监督管理工作。

县级以上地方人民政府环境保护行政主管部门对本行政区域内固体废物污染环境的防治工作实施统一监督管理。县级以上地方人民政府有关部门在各自的职责范围内负责固体废物污染环境防治的监督管理工作。

国务院建设行政主管部门和县级以上地方人民政府环境卫生行政主管部门负责生活垃圾清扫、收集、储存、运输和处置的监督管理工作。

9. 放射性污染防治法

在世界能源供给日趋紧张和应对气候变化的大背景下，人类发展对核能的需求越来越大。我国自 20 世纪 70 年代开始加快了对核能的开发和利用，经过近 40 年的发展，核能已成为我国一种重要的能源类型，且其重要性在未来还会更加明显。

同时，相伴而生的是越来越严重的放射性污染问题。我国非常注重放射性污染的防治及其立法工作，自 20 世纪 70 年代起进行了一系列放射性污染防治立法，建立起了放射性污染防治法律体系。

为了防治放射性污染，保护环境，保障人体健康，促进核能、核技术的开发与和平利用，2003 年我国颁布了《中华人民共和国放射性污染防治法》。

（1）本法适用于中华人民共和国领域和管辖的其他海域在核设施选址、建造、运行、退役和核技术、铀（钍）矿、伴生放射性矿开发利用过程中发生的放射性污染的防治活动。

（2）国家对放射性污染的防治，实行预防为主、防治结合、严格管理、安全第一的方针。

（3）国家鼓励、支持放射性污染防治的科学研究和技术开发利用，推广先进的放射性污染防治技术。

国家支持开展放射性污染防治的国际交流与合作。

（4）县级以上人民政府应当将放射性污染防治工作纳入环境保护规划。

县级以上人民政府应当组织开展有针对性的放射性污染防治宣传教育，使公众了解放射性污染防治的有关情况和科学知识。

（5）任何单位和个人有权对造成放射性污染的行为提出检举和控告。

（6）在放射性污染防治工作中做出显著成绩的单位和个人，由县级以上人民政府给予奖励。

（7）国务院环境保护行政主管部门对全国放射性污染防治工作依法实施统一监督管理。

国务院卫生行政部门和其他有关部门依据国务院规定的职责，对有关的放射性污染防治工作依法实施监督管理。

2011年的日本福岛核泄漏事故为人类对核能的开发和利用敲响了警钟，我们应该吸取日本福岛核泄漏事故的经验教训，防范核风险，保障核能的安全发展，避免核泄漏这样严重的放射性污染事故发生。

10. 环境噪声污染防治法

为防治环境噪声污染，保护和改善生活环境，保障人体健康，促进经济和社会发展，我国制定了《中华人民共和国环境噪声污染防治法》。

本法所称环境噪声，是指在工业生产、建筑施工、交通运输和社会生活中所产生的干扰周围生活环境的声音。

本法所称环境噪声污染，是指所产生的环境噪声超过国家规定的环境噪声排放标准，并干扰他人正常生活、工作和学习的现象。

本法适用于中华人民共和国领域内环境噪声污染的防治。

因从事本职生产、经营工作受到噪声危害的防治，不适用本法。

（1）国务院和地方各级人民政府应当将环境噪声污染防治工作纳入环境保护规划，并采取有利于声环境保护的经济、技术政策和措施。

（2）地方各级人民政府在制定城乡建设规划时，应当充分考虑建设项目和区域开发、改造所产生的噪声对周围生活环境的影响，统筹规划，合理安排功能区和建设布局，防止或者减轻环境噪声污染。

（3）国务院生态环境主管部门对全国环境噪声污染防治实施统一监督管理。县级以上地方人民政府生态环境主管部门对本行政区域内的环境噪声污染防治实施统一监督管理。

各级公安、交通、铁路、民航等主管部门和港务监督机构，根据各自的职责，对交通运输和社会生活噪声污染防治实施监督管理。

（4）任何单位和个人都有保护声环境的义务，并有权对造成环境噪声污染的单位和个人进行检举与控告。

（5）国家鼓励、支持环境噪声污染防治的科学研究、技术开发，推广先进的防治技术和普及防治环境噪声污染的科学知识。

（6）对在环境噪声污染防治方面成绩显著的单位和个人，由人民政府给予奖励。

11. 环境行政处罚办法

《环境行政处罚办法》由环境保护部2009年第三次部务会议于2009年12月30日修订通过，自2010年3月1日起施行。

适用范围：公民、法人或者其他组织违反环境保护法律、法规或者规章规定，应当给予环境行政处罚的，应当依照《中华人民共和国行政处罚法》和《环境行政处罚办法》规定的程序实施。

行使行政处罚自由裁量权必须符合立法目的，并综合考虑以下情节：

（1）违法行为所造成的环境污染、生态破坏程度及社会影响；

（2）当事人的过错程度；

（3）违法行为的具体方式或者手段；

（4）违法行为危害的具体对象；

（5）当事人是初犯还是再犯；

（6）当事人改正违法行为的态度和所采取的改正措施及效果。

同类违法行为的情节相同或者相似、社会危害程度相当的，行政处罚种类和幅度应当相当。

根据法律、行政法规和部门规章，环境行政处罚的种类有：

（1）警告；

（2）罚款；

（3）责令停产整顿；

（4）责令停产、停业、关闭；

（5）暂扣、吊销许可证或者其他具有许可性质的证件；

（6）没收违法所得、没收非法财物；

（7）行政拘留；

（8）法律、行政法规设定的其他行政处罚种类。

根据环境保护法律、行政法规和部门规章，责令改正或者限期改正违法行为的行政命令的具体形式有：

（1）责令停止建设；

（2）责令停止试生产；

（3）责令停止生产或者使用；

（4）责令限期建设配套设施；

（5）责令重新安装使用；

（6）责令限期拆除；

（7）责令停止违法行为；

（8）责令限期治理；

（9）法律、法规或者规章设定的责令改正或者限期改正违法行为的行政命令的其他具体形式。

根据最高人民法院关于行政行为种类和规范行政案件案由的规定，行政命令不属行政处罚。行政命令不适用行政处罚程序的规定。

限期治理

xxxx公司违反国家环保相关规定，建设厂房毁坏保护区林木，须于xxxx年x月x日前恢复原状。

《环境行政处罚办法》对规范环保部门的行政处罚工作、强化环境执法起到了巨大的推动作用。

第五章

生态产业的建设与发展

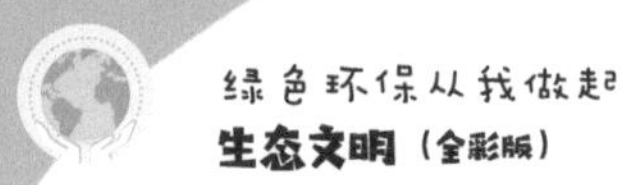

1. 说一说，什么是生态产业

生态产业是指按生态经济原理和知识、经济规律组织起来的基于生态系统承载能力、具有完整的生命周期、高效的代谢过程及和谐的生态功能的网络型、进化型、复合型的产业。

生态产业可以称得上是继经济技术开发、高新技术产业开发后的第三代产业了！

首先，生态产业有别于传统产业。它包含着工业、农业、居民区等的生态环境和生存状况，是一个有机的系统。

其次，生态产业是将生产、流通、消费、回收、环境保护及能力建设纵向结合，融合不同行业的生产工艺，将生产基地与周边环境纳入整个生态系统统一管理，谋求资源的高效利用和有害废弃物向外“零”排放。

再次，生态产业中，企业更多地追求工艺流程和产品结构的多样化，达到企业生产速度与稳度的有机结合，使污染负效益向正效益转变。

2. 聊一聊，生态经济三大特征

生态经济是指在生态系统承载能力范围内，运用生态经济学原理和系统工程方法改变生产和消费方式，挖掘一切可以利用的资源潜力，发展一些经济发达、生态高效的产业，建设体制合理、社会和谐的文化及生态健康、景色宜人的环境。

生态经济的基本理论有：社会经济发展同自然资源和生态环境的关系，人类的生存、发展条件与生态需求，生态价值理论，生态经济效益，生态经济协同发展等。

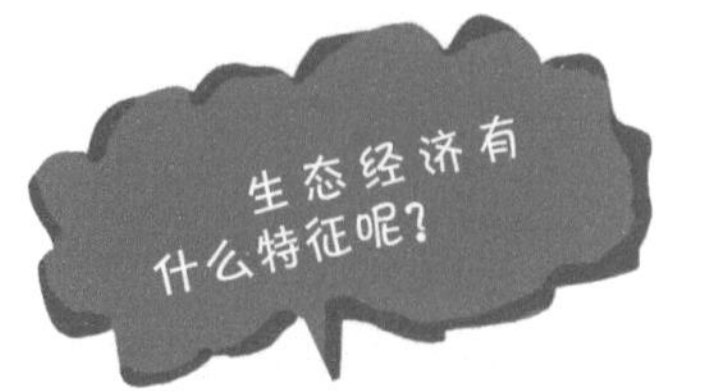

（1）时间性。主要指资源利用在时间维度上的持续性。在人类社会发展的漫长过程中，当代人对资源的利用应以不牺牲后代人的利益为前提，让后代人与当代人一样拥有均等发展的机会。

（2）空间性。主要指资源利用在空间维度上的持续性。也就是说区域的资源开发和利用不应损害其他区域的利益，实现区域间资源利用的共建与共享。

（3）效率性。主要指资源利用在效率维护上的高效性。也就是说通过低耗、高效的资源利用方式，以先进的科学技术为支撑，通过资源合理配置，不断提高资源的产出和转换效率，确保经济持续增长。

3. 说出生态工业与传统工业的区别

生态工业是应用现代科学技术所建立和发展起来的一种多层次、多结构、多功能，变工业废弃物为原料，实现循环生产、集约经营管理的综合工业生产体系。

生态工业与传统工业的区别如下。

（1）追求的目标不同。传统工业的发展模式忽略了生态效益这一重要因素，而生态工业将经济效益和生态效益同样看重，有助于工业的可持续发展。

（2）自然资源的开发利用方式不同。传统工业重视短期效益，片面追求经济效益目标，而生态工业从经济效益和生态效益兼顾的目标出发，对资源进行合理开发利用，使得各企业之间相互依存，达到资源的集约化利用和循环使用。

（3）产业结构和产业布局的要求不同。传统工业不注重区域经济的共同发展，导致当地产业布局集中，与当地的生态系统和自然结构不相适应。而生态工业是一个开放性的系统，追求产业结构合理布局，符合生态经济的发展规律。

（4）**废弃物的处理处置方式不同。**传统工业大多实行单一生产，不注意废弃物的流向。而生态工业从环保的角度出发，充分考虑废弃物的处理和循环利用。

（5）**工业成果在技术经济上的要求不同。**生态工业对各种生态产品都强调其技术经济指标有利于经济协调，有利于资源、能源的节约和环境保护，而传统工业对此无要求。

（6）**工业产品的流通控制不同。**作为市场所需的工业产品，传统工业没有限制要求，而生态工业就加入了环保限制。

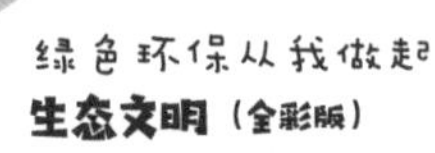

4. 说一说，生态工业园区的设立

生态工业园区是按照循环经济理论和工业生态学原理而设计成的一种新型工业组织形态，是生态工业的聚集场所。

按照行业特点和区域划分，可以将其分为两类：一是具有行业特点的生态工业园区；二是具有区域特点的国家生态工业示范园区。

生态工业示范园区规划的基本原则如下：

（1）与自然和谐共存原则；

（2）生态效率原则；

（3）生命周期原则；

（4）区域发展原则；

（5）高科技、高效益原则；

（6）软硬件并重原则。

生态工业示范园区规划步骤有：

（1）规划队伍建设；

（2）园区规划范围；

（3）现状调研阶段；

（4）规划目标确定。

设施共享是生态工业示范园区的特点之一。实现设施共享可以减少能源和资源的消耗，提高设备的使用效率，避免重复投资。共享设施包括：基础设施，交通工具，仓储设施，闲置的其他维护设备、施工设备以及培训设施等。

目前通过验收批准命名的国家生态工业示范园区有苏州工业园区国家生态工业示范园区、苏州高新技术产业开发区国家生态示范园区、天津经济技术开发区国家生态工业示范园区、山东潍坊滨海经济开发区国家生态工业示范园区、扬州经济技术开发区国家生态工业示范园区等。

5. 讲解我国的原生态旅游形式

原生态旅游是针对旅游目的地来说的，是未经人为开发的自然生态旅游区，景区内具备了有山有水以及农村食宿条件，景区内植被茂盛能让人感受到新鲜的空气，欣赏到美丽的景色。

当然，并不是每个地方都具备开展原生态旅游的条件。目前，野生动物资源使非洲成为世界原生态旅游的重要发源地之一，尤其是肯尼亚、坦桑尼亚等国，已经成为国际生态旅游的热点地区。

我国于 1999 年生态环境旅游年时，推出了生态旅游的类型，主要包括观鸟、野生动物旅游、自行车旅游、漂流旅游、沙漠探险、滑雪旅游等。

目前，我国生态旅游形式已经从原生态的自然景观发展到半人工生态景观，旅游对象包括游览、科考、探险、狩猎、垂钓、田园采摘等，呈现出多样化的格局。

我国目前比较著名的生态旅游景区可以划分为以下几个类别。

（1）山岳生态景区

如五岳（泰山、华山、恒山、衡山、嵩山），以及黄山、庐山、武夷山、雁荡山等。

（2）湖泊生态景区

我国著名的十大湖泊包括五大咸水湖和五大淡水湖。五大咸水湖为青海湖、纳木错湖、色林错湖、乌伦古湖、羊卓雍措湖。五大淡水湖包括鄱阳湖、洞庭湖、太湖、洪泽湖、巢湖。

（3）森林生态景区

如张家界国家森林公园、云南西双版纳热带雨林等。

（4）草原生态景区

如内蒙古呼伦贝尔大草原。

（5）海洋生态景区

如广西北海、海南文昌的红树林海岸。

（6）观鸟生态景区

如江西鄱阳湖越冬候鸟自然保护区。

（7）冰雪生态景区

如云南丽江玉龙雪山。

我要旅游！

（8）漂流生态景区

如湖北神农架。

（9）徒步探险生态景区

如西藏珠穆朗玛峰、雅鲁藏布江大峡谷等。

6. 聊一聊，生态农业的发展历程

生态农业是运用现代科学技术成果和现代管理手段，以及传统农业的有效经验建立起来的，能获得较高的经济效益、生态效益和社会效益的现代化农业。

20 世纪 70 年代以来，越来越多的人注意到，现代农业给人们带来高效的劳动生产率和丰富的物质产品的同时，也造成了土壤侵蚀、土壤的地下水中重金属含量及农药残留量超标等生态危机。生态农业的出现，为农业发展指明了正确的方向。

生态农业的主要特点是结构协调、合理种养、全面发展、应用现代技术、资源高效利用、稳定循环发展等。

20 世纪 30 年代初英国农学家霍华德提出了有机农业的概念并进行相应组织试验和推广，有机农业得到了初步发展。

美国罗代尔在 1942 年创办了第一家有机农场开始实践，并在 1974 年扩大成为罗代尔研究所，成为美国有机农业的先驱。

之后，法国、德国、荷兰等西欧发达国家相继开展了有机农业运动，1972 年，在法国成立了国际有机农业运动联盟（IFOAM）。

菲律宾是东南亚地区开展生态农业建设起步较早、发展较快的国家之一，玛雅农场成为当时世界知名的典型。1980 年，在玛雅农场召开了国际会议，与会者对该农场给予了高度评价。

20 世纪 90 年代后，生态农业在世界各国均有了较大发展。如法国在 1997 年制定并实施了“有机农业发展中期计划”；2000 年 4 月，日本推出了有机农业标准等。

我国生态农业目前也得到了很好的发展，但是依然存在一些问题，如理论基础不完备、技术体系不完善、政策激励机制未建立、服务水平和能力建设不适应、农业生产化水平不高等。

7. 什么是生态农业示范区

生态农业示范区是指以发展大农业为出发点，按照整体协调的原则，实行农、林、牧、副、渔统筹规划、协调发展，并使各行业互相支持、相得益彰，从而实现农业持续、快速、健康发展的一定区域。

重庆市生态农业示范区位于风景优美、物产富饶的重庆市南川区，林地面积16.7万亩，森林覆盖率45.2%，森林总蓄积量698688m^3，公路两旁绿化率达54.6%，森林质量好、植被丰富，空气中负氧离子含量丰富，对人体有一定的保健功效。

重庆市生态农业示范区重点发展绿色无公害农业、乡村旅游业，无大型排污、高效能厂矿企业，旨在建立产业合理布局、基础设施配套、农业装备良好、规模经营度高、产业化水平高的绿色精品稻米基地、优质粮油基地；建立体现规模养殖、生态养殖、健康养殖、节约用地的优质生猪、南川土鸡、优质肉鸭养殖基地；建立林业产业链条完整、林业生态良好的高效林业产业示范区；以及建立基础设施完善、人居环境优美、公共服务健全、社会保障全面、农民充分就业的统筹城乡新农村建设先行区。

8. 生态渔业的新型发展模式

生态渔业是通过渔业生态系统内的生产者、消费者和分解者之间的分层多级能量转化和物质循环利用，使特定的水生生物和特定的渔业水域环境相适应，以实现持续、稳定、高效的一种渔业生产模式。

（1）池塘环境友好型养殖模式。重点是减少药物使用，降低对水体的氮、磷排放，通过水处理技术实现养殖水体的重复使用。

（2）湖泊水库洁水型渔业开发模式。选择以鲢鱼、鳙鱼等猎食性鱼类进行人工放养，消耗水中的富营养化物质，从而达到以鱼洁水、以鱼养水的目的。

（3）文化传承和创新型生态养殖模式。发展稻鱼（虾、蟹）共生和山溪以草养鱼等生态循环养殖模式，实现“稳粮丰鱼增收”的目的。

（4）大水面鱼、虾、贝、藻立体增（养）殖模式。在大江大河和浅海海域，实现规模化立体型增（养）殖，改善水体环境，修复渔业资源，实现水生生物多样性。

（5）工程化渔业养殖模式。包括集约化养殖和工厂化养殖，具有高密度、集约化、高效益、少污染等特点。

（6）休闲生态渔业模式。利用渔村设备和空间、渔具渔法、渔业产品、渔业生产活动及渔村人文资源等，经过规划设计，充分发挥渔业与渔村休闲旅游功能，使得渔业产业协调发展。

（7）负责任的水产捕捞模式。逐步减少渔船数量，探索和推行限额捕捞制度，推广渔船节能，改进渔具、渔法，禁止严重破坏渔业资源的作业，保护和恢复生物资源再生能力，促使水生生物资源永续利用、水产捕捞业的可持续发展。

9. 生态畜牧业的新型生产模式

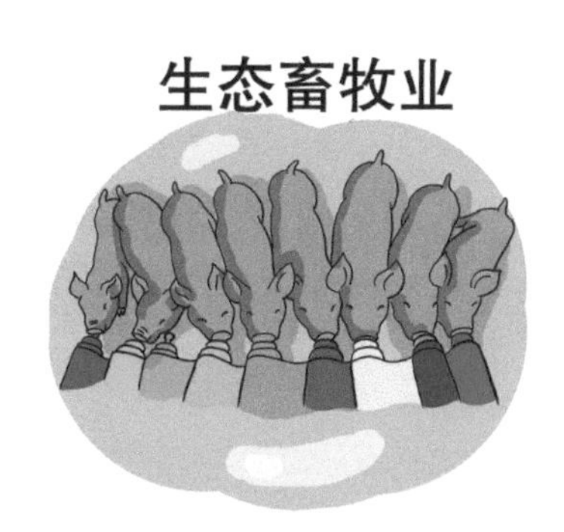

生态畜牧业是指运用生态系统的生态学原理、食物链原理、物质循环再生原理和物质共生原理，采用系统工程方法，并吸收现代科学技术成就，以发展畜牧业为主，农、林、草、牧、渔、游，因地制宜，合理搭配，以实现生态效益、经济效益、社会效益统一的畜牧业产业体系。

生态畜牧业主要包括生态动物养殖业、生态畜产品加工业和废弃物的无污染处理业。

（1）种—养结合型

如以养猪为主，适当配置一定的饲料作物和农作物，形成猪肥粮多的生态循环。

（2）养—养结合型

如养猪与养鸡结合，形成鸡—鸡粪—猪—猪粪—蛆—鸡的循环饲养。

（3）种—养—沼气结合

如种植饲料作物喂养畜禽—畜禽粪便生产沼气—沼气渣进一步利用。

（4）种—养—加工结合

如大田种粮食—粮食酿酒—酒糟喂猪—猪粪进一步综合利用。

10. 你知道“生态移民”吗

生态移民是指居住在自然环境条件恶劣、生态脆弱以及生态环境严重遭到破坏，基本不具备人类生存条件的地区的人口，搬离原来的居住地，在另外的地方定居并重建家园的人口迁移；也指为了保护或者修复某个地区特殊的生态而进行的人口迁移。

生态移民一方面可以减轻人类对原本脆弱的生态环境的继续破坏，使自然生态和生物多样性得到有效保护；另一方面可以逐步改善贫困人口的生存状态。

我国于 1985 年开始建立三峡生态移民试点，之后陆续开展大规模的三峡移民。除此之外，我国比较重大的生态移民项目还有三江源生态移民、陕西地区移民搬迁等。三江源地处青藏高原的青海省，属长江、黄河、澜沧江三大水系发源地，是中国最大的生态功能区和水源涵养地，对广大中下游地区乃至全国的可持续发展起着生态屏障作用。为了巩固提高水源涵养地生态环境质量、减轻人类对生态环境的破坏，对当地人口进行了迁移。另外，陕西省南部的安康、汉中、商洛三市地质条件较差，山体稳定性脆弱，易引发山洪、滑坡、泥石

流等次生灾害；白于山区是陕西三大贫困地区之一，该地区干旱缺雨，而且地下水中含有大量盐碱等矿物质，人饮用后会对身体造成伤害。2011 年，陕西省政府启动了“陕南地区移民搬迁安置”和“陕北白于山区扶贫移民搬迁”工程，对相关地区的人口做出搬迁规划。

11. 谈谈农业生态园发展面临的问题

农业生态园也叫农业休闲园，是指利用田园景观、自然生态及环境资源，结合农林渔牧生产、农业经营活动、农村文化及家庭生活，提供以休闲为主，以农业及农村的体验为目的的农业经营；是集旅游功能、农业增效功能、绿化、美化和改善环境功能于一体的新型产业园。

经营农业生态园的三个要素：政策、资本和市场运作，缺一不可。经营农业生态园应实现生态效益、经济效益和社会效益的统一。

农业生态园的发展面临着很多问题，下面就来说说这个。

（1）缺乏科学的规划和管理。一方面是园区的规划设计不科学，没有充分挖掘园区丰富的资源；另一方面园区提出的生态主题单一，对外地游客吸引性不强，还有就是园内工作人员的素质有待进一步提高。

（2）旅游形象定位模糊。现在一大批观光农业生态园中只是凭借当地的气候和特色风情，修建别墅和娱乐场所，开发的主题项目已经偏离生态农业旅游。这就致使该园特色不明显，缺乏吸引力了。

（3）生态示范作用不强。一些生态园以观光农业为幌子，单纯追求利益，没有采用符合有机农业的生产模式，很难起到示范性作用，对农业生态园的发展也造成了一些负面影响。

（4）农业科普教育性不强。现阶段我国农业科普存在较大的发展空间，观光农业应注意将农业科普设立为其新的发展方向，可专门设立大中专院校课外实习基地和小学环保教育基地，促进我国农业和科普事业的发展。